校园生活丛书

青少年自救常识

包 妍 符根宁 编著

吉林人民出版社

图书在版编目(CIP)数据

青少年自救常识 / 包妍, 符根宁编著. -- 长春：
吉林人民出版社, 2012.4
（校园生活丛书）
ISBN 978-7-206-08784-4

Ⅰ.①青… Ⅱ.①包… ②符… Ⅲ.①自救互救 – 青
年读物②自救互救 – 少年读物 Ⅳ.①X4-49

中国版本图书馆 CIP 数据核字(2012)第 071094 号

青少年自救常识
QINGSHAONIAN ZIJIU CHANGSHI

编　　著：包　妍　符根宁
责任编辑：孙浩瀚　　　　　　　封面设计：七　洱
吉林人民出版社出版 发行（长春市人民大街7548号　邮政编码：130022）
印　　刷：鸿鹄(唐山)印务有限公司
开　　本：670mm×950mm　　1/16
印　　张：13　　　　　　字　　数：150千字
标准书号：ISBN 978-7-206-08784-4
版　　次：2012年7月第1版　　印　　次：2023年6月第3次印刷
定　　价：45.00元

目录

CONTENT 1

第一部分　自然灾害

第二部分　生活意外

第三部分　交通意外

第六部分　医学救护常识

目 录 CONTENT 4

第一部分 自然灾害

居家地震避险自救

● 现场点击

1976年7月28日的强大震波，震塌了唐山市所有的大目标，也毫不留情地粉碎了杜小陈、杜小郝的家。杜小陈、杜小郝是一对双胞胎兄妹，地震发生时，父母外出，只有他们两人在家。他俩最初被砸埋下去的时候，像所有被埋在地下的人一样，竭尽全力地呼喊，拼命地推梁木，砸钢筋，搬石头……然而这一切都无济于事，地下很黑、很闷，呛得难受，时间一长，体弱的妹妹小郝昏睡过去了，小陈四处去摸，希望找到水，但一切都被砸碎了，失望之中他意外地摸到了一把菜刀。他首先在一堵断壁上劈开了一个窟窿。欣喜若狂地往外钻，谁知窟窿外正堵着一个坚硬的水泥板。他用菜刀往相反的方向劈，结果又失败了，他俩暂时栖身的小小空间，真像一处严严实实的坟墓。他把四周都砍遍了，石头、钢筋、水管、暖气片……菜刀卷刃了，变成了一块三角铁，他一共凿开了七个窟窿，全都是死路，小郝已经神志不清，生命危在旦夕，但小陈仍用顽强的毅力坚持用变成三角铁的菜刀敲击暖气片。整整两天三夜，菜刀的敲击声也越来越弱，小陈也不行了，他浑身发烫，手脚绵软，眼睛也看不清了，四周是一片白色的雾。最后他也躺倒了。但是，他躺着还拼尽全力地敲，两天三夜，微弱而顽强的敲击声终于传出了废墟，他们获救了。这把菜刀给这对兄妹带来了生还的希望。

● 专家点评

小陈在被埋压在废墟下时，首先在精神上没有崩溃，而是充满了强烈的求生欲望和充满信心的乐观精神，这为他以后实施自救提供了坚实的精神动力。

其次小陈在被埋压后积极地进行了自救，寻找水和食物，最为重要的是他还寻找到了工具——菜刀。这把菜刀成为他以后获救的重要的工具。

最后被埋压后，他注意观察周围环境，寻找通道，设法爬出去，在发现单凭自己的力量无法成功脱险时，他很好地运用了他手里唯一的也是最为重要的工具——菜刀进行敲击，敲击声终于传递到外面，才使他们兄妹二人获救。

●急救措施

经验表明，破坏性地震发生时，从人们发现地光、地声，感觉有震动，到房屋破坏、倒塌，形成灾害，有十几秒，最多三十几秒的时间。这段极短的时间叫预警时间。人们只要掌握一定的知识，事先有一些准备，临震能保持头脑清醒，就可能抓住这段宝贵的时间，成功地避震脱险。

地震一旦发生，首先要保持清醒、冷静的头脑，及时判别震动状况，千万不可慌乱中跳楼，这一点极为重要。当你感到地面或建筑物晃动时，切记最大的危害来自掉下来的碎片，此刻，要动作机灵地躲避。如下几点需要同学们特别注意：

1.发生地震时，要争分夺秒向安全地方转移，不要因寻找物品和穿衣而耽误时间，如有可能，要立即拉断电源，关闭煤气，熄灭明灯。照明最好用手电筒，不要用火柴、蜡烛等明火。

2.来不及跑时可迅速躲到桌旁、床边及坚固的家具旁，紧挨墙根趴在地下，闭目，用鼻子呼吸，保护要害，并用毛巾或衣物捂住口鼻，以隔挡呛人的灰尘。正在用火时，应随手关掉煤气开关或电开关，然后迅速躲避。在楼房应迅速远离外墙及其门窗，可选择厨房、浴室、厕所、楼梯间等开间小而不易塌落的空间避震，千万不要向外逃或从楼上跳下，也不能使用电梯。蹲在暖气旁较安全，暖气的承载力较大，金属管道的网络性结构和弹性不易被撕裂，即使在地震大幅度晃动时也不易被甩出去；暖气管道通气性好，不容易造成人员窒息；管道内的存水还可延长存活期限。更重要的一点是，被困人员可采用击打暖气管道的方式向外界传递信息，而暖气靠外墙的位置有利于最快获得救助。

3.如被埋压在废墟下，周围又是一片漆黑，只有极小的空间，一定不要惊慌，要沉着，树立生存的信心，相信会有人来救你，要千方百计保护自己。

4.如果被埋在废墟下的时间比较长，救援人员未到，或者没有听到呼救信号，就要想办法维持自己的生命。防震包的水和食品一定要节约，尽量寻找食品和饮用水，必要时自己的尿液也能起到解渴作用。

5.如果找不到脱离险境的通道，尽量保存体力，用石块敲击能发出声响的物体，向外发出呼救信号，不要哭喊、急躁和盲目行动，这样会大量消耗精力和体力，尽可能控制自己的情绪或闭目休息，等待救援人员到来。如果受伤，要想法包扎，避免流血过多而休克。

室外地震避险自救

●现场点击

在5·12汶川大地震中，邓家小学483名学生在体育老师的一句"快到操场"的叫喊声后不到三分钟就在操场上聚齐了。

蹲在操场里仍很危险，山下县城已夷为平地，山上还有泥石流，地面还有余震，"要活命就必须向高处转移"，这是一个简单的逻辑，他们经过观察发现远处有一个缓缓的山坡暂时还算稳定，于是老师们动员学生一起爬上去。师生们砍了很多竹子，还有人跑到废墟里捡了几块农民常用的编织口袋，靠着山丫子以三角原理做了一个帐篷，他们从未做过帐篷，帐篷面积太小，483名学生只能背靠背坐了一夜，一动都不能动。这队人马由老师带队，他们历经两天一夜，在无水无粮无工具的情况下，先是困守一处山坡，后来翻越水洞子、景家山、杨柳坪三座海拔最高达2000多米的大山，其中还有一名4岁多的学前班孩子，最后到达绵阳。

●专家点评

邓家小学师生们的成功脱险取决于以下三方面的因素：

第一，统一行动，行动迅速。在老师的号令下学生们在很短时间内就能聚齐操场上。

第二，自己动手积极地进行自救。他们砍竹子，捡编织袋，做帐篷的行为，为下一步逃离做了准备。

第三，不畏困难的精神。在无水无粮无工具的情况下，他们先是困守一处山坡，后来翻越三座大山，其中还有一名4岁多的学前班孩子，最后终于抵达目的地。

●急救措施

1.地震时在户外的人，千万不要冒着大地的震动进屋去救亲人，只能等地震过后，再对他们进行抢救。

2.如果你正行走在高楼旁的人行道上，要迅速躲到高楼的门口处，以防被掉下来的碎片砸伤。最好将身边的皮包或柔软的物品顶在头上，无物品时也可用手护在头上，尽可能做好自我防御的准备。应该迅速离开电线杆和围墙，跑向比较开阔的地区躲避。

3.如果在山坡上感到地震发生，千万不要跟着滚石往山下跑，而应躲在山坡上隆起的小山包背后，同时要远离陡崖峭壁，防止崩塌、滑坡和泥石流的威胁。

4.地震时如果你在森林和树木旁边，应尽快躲到树林中去，树木越多越安全。

5.当在体育场观看比赛时发生地震，应该听从大会指挥，有秩序地从看台向场地中央疏散。被卷入混乱的人流中不能动弹时，如果还有可能呼吸，首先要正确呼吸，用肩和背承受外来的压力，随着人流的移动而行动。弯曲胳膊、护住腹部，脚要站直，不要被别人踩倒。最好经常使身体活动活动，特别应该注意不要被挤到墙壁、栅栏旁边去。手插口袋是极其危险的，双手应随时做好防御的准备。

●小贴士

地震谣言如何甄别

1.正确认识国内外当前地震预报的实际水平，人类目前做出的较大时间尺度的中长期预报已有一定的可信度，但短期预报的成功率还相对较低。

2.要明确，在我国，发布地震预报的权限在政府，任何其他单位或个人都无权发布地震预报消息。对待地震谣传，要做到不相信、不传播、及时报告。

3.学习地震常识，消除恐震心理。

公共场所地震避险自救

●现场点击

某城发生了7.8级的强烈地震。临震之前，某学校40多名学生正在食堂吃饭。当地声如雷响起，地面开始震动，学生们便争相往门外跑。门很窄，只能容一个人通过，许多人拥挤在一起，谁也出不去。结果，只跑出十几个人，20多人都被砸死在门里。有一个同学没有跑，蹲在饭桌下，一点也没伤着。因为饭桌很多，桌腿都是钢管焊的，很结实，把塌下来的房顶支撑着，空间较大。

●专家点评

这位幸存的同学的经历表明，遇震时一定要镇静，就地躲避是应急避震较好的办法，震后再迅速撤离到安全地方。据对唐山地震中874位幸存者的调查，其中有258人采取了应急避震措施，188人安全脱险，成功者约占采取避震行动者的72%。其次，避震应选择室内结实、能掩护身体的物体下面或旁边，容易形成三角空间的地方，开间小，有支撑的地方。避震时身体应采取的姿势是：伏而待定，蹲下或坐下，尽量蜷曲身体；抓住桌腿等牢固的物体；保护头颈、眼睛，掩住口鼻；避开人流，不要乱挤乱拥，不要随便点明火，因为空气中可能有易燃易爆气体。

●急救措施

在群众集聚的公共场所遇到地震，最忌慌乱，否则将造成秩序混乱，相互压挤而导致人员伤亡，应有组织地从道路口快速疏散。

1.地震时，如果你正在影剧院、体育馆等处，要沉着冷静，特别是当场内断电时，不要乱喊乱叫，更不得乱挤乱拥，应就地蹲下或躲在排椅下，注意避开吊灯、电扇等悬挂物，用皮包等物品保护头部，等地震过后，听从工作人员指挥，有组织地撤离。

2.地震时，如果你正在书店、展览馆等处，应选择结实的柜台、商品（如低矮家具等）或柱子边，以及内墙角处就地蹲下，用手或其他东西护头，避开玻璃门窗和玻璃橱窗，也可在通道中蹲下，等待地震平息，有秩序地撤离出去。

3.地震时，如果你正在上课，要在老师的指挥下迅速抱头、闭眼，躲在各自的课桌旁，决不能乱跑或跳楼，地震后，有组织地撤离教室，到就近的开阔地避震。

4.地震时，如果你正在百货公司，要保持镇静。由于人员慌乱，商品下落，可能使避难通道阻塞。此时，应躲在近处的大柱子和大商品旁边（避开商品陈列橱），或朝着没有障碍的通道躲避，然后屈身蹲下，等待地震平息。如果此时你还处于楼上位置，原则上向底层转移为好。但楼梯往往是建筑物抗震的薄弱部位，因此，要看准脱险的合适时机。

5.地震时，汽车司机要就地刹车，保证车上乘客的人身安全。乘客（特别在火车上）应用手牢牢抓住拉手、柱子或座席等，并注意防止行李从架上掉下伤人，面朝行车方向的人，要将胳膊靠在前坐席的靠背上，护住面部，身体倾向通道，两手护住头部；背朝行车方向的人，要两手护住后脑部，并抬膝护腹，紧缩身体，做好防御姿势。地震时如果正开车在街上，要立即踩住制动器做好靠边停车的准备，注意并排同行的汽车可能因地面震动失控滑做到自己汽车跟前，稍有大意，就会发生严重的撞车事故。停车处应该选择倒塌物少而且不影响他人避难的地方。原则上，停车以后不要上锁，要立即离开车子，以便迅速脱险。离开车后不要轻易被卷入人流中去，要沉着冷静地作出判断，选择安全的方向逃避。

震后压埋困陷求生自救

● 现场点击

在5·12汶川大地震中，出现了许多震后被压埋困陷求生自救的成功案例，这里就给大家介绍几个。

一、双手挖掘30小时成功自救

地震发生当天，家住彭州市银广沟的高中生小马跟随家人到汶川走亲戚，在亲戚家中，灾难发生了。小马所在的房屋整个坍塌，坐在堂屋靠里的他在跑到房梁处时，被压在了梁下。跑出房屋的亲人发现，他被埋在了废墟中。

雨水渐弱，人们再次返回现场，却惊讶地发现小马已经自己爬出了废墟，躺在了泥水中。据小马自己说，被掩埋后，房梁虽然压住了他，但形成了一个小空间，他能够活动手臂，也能摸到全身的各部位。在等待了几个小时后，他开始一点点朝一个方向挖掘，一直不断地用手挖，最后竟然爬了出来。在爬出来的那一刻，他感觉再也没有了力气，只有躺在地上等待救援。事后估算，小马在黑暗中自己用手至少挖掘了30小时。

二、被困100小时后奇迹般生还

5月12日地震发生时，高二学生小彭正在县里一家医药公司的门口。邻近的房屋倒塌将其掩埋其中。他感觉头部当时被掉落的碎石砸起了许多大包，双腿被倒下的大门压住。很快，他发现自己的左臂无法动弹。所幸的是，双腿是被嵌在了大门和地面的缝隙中，受伤不重。

"我设法开始了自救"，小彭回忆说。他先用右手解下自己的腰带，把受伤的左臂吊在脖子上以缓解伤势。"接下来就是解决吃喝问题。"在过去的四天四夜中，他靠吃香烟粉、卫生纸和喝自己的尿液才得以活命。16日晚7时30分，当小彭被救护车送至绵阳市中心医院时，距离"5·12"大地震发生已经过去了整整100个小时。医生对其身体进行检查后得出结论，除了左臂发生粉碎性骨折和腿部受轻伤外，身体的其他部位均未发生明显异常。躺在担架上的小彭意识清醒，讲话清楚。"天灾躲不过，我只有寻求自救。"这是小彭在劫后余生发出的感慨。

●专家点评

大多数破坏性地震使人感到的地面抖动只是一瞬间，只有强烈的地震才能有长达一分钟的感觉，而绝大多数破坏性地震只延续几秒钟。因此，只要保持镇定，采取果断措施来保护自己，就能够减少你所遭遇灾害的损失。小马和小彭在地震中能够成功脱险的第一个原因是在没有外来人员援救之前，他们都进行了争分夺秒的自救。

小彭在地震发生而自救不能成功时采取了积极的维持生命的措施。靠吃香烟粉、卫生纸和喝自己的尿液得以活命。这就是在震后积极自救的一个表现。

●急救措施

一次大震发生后，到处是断垣残壁，危楼及倒房构成了瓦砾堆。在没有外来人员援救之前，自救是一场与死神争分夺秒的斗争。时间就是生命，从历次大地震的经验得知，地震发生后，一天内救出的人，救活率可达80%，时间越长，存活率越低。地震对人身的伤害，大部分是倒塌的房屋所造成的，一旦被埋压后，要做到：

1.被埋压在废墟下时，至关重要的是不能在精神上发生崩溃，要有勇气和毅力。强烈的求生欲望和充满信心的乐观精神，是自救过程中创造奇迹的强大动力。

2.被压埋后，注意用湿手巾、衣服或其他布料捂住口鼻和头部，避免灰尘呛闷发生窒息及意外事故，尽量活动手和脚，消除压在身上的各种物体，用周围可搬动的物品支撑身体上面的重物，避免塌落，扩大安全活动空间，保障有足够的空气。条件允许时，应尽量设法逃避险境，向更安全宽敞、有光亮的地方移动。

3.被埋压后，要注意观察周围环境，寻找通道，设法爬出去，无法爬出去时，不要大声呼喊，当听到外面有人时，再呼叫，或敲击出声，向外界传达求救信息。

4.无力脱险时，尽量减少体力消耗，寻找食物和水，并计划使用，乐观等待时机，想办法与外面援救人员取得联系。

震前防御面面观

●现场点击

"5·12"汶川大地震对灾区很多中小学校造成了巨大的损害。有许多正在上课的中小学师生没能脱险逃生，然而，面对这样一场突如其来的灾难，有一所紧邻重灾区北川羌族自治县的乡镇中学、绵阳市安县桑枣中学，却创造了全校2300名师生没有一人在地震中受伤或者遇难的奇迹。29号，桑枣中学还获得了教育部首批授予的"抗震救灾先进集体"称号。那么，这种神话般的奇迹，是怎样被创造出来的呢？

5月12日下午，当汶川大地震发生时，桑枣中学绝大部分学生都在教学楼里上课。当他们感觉到大地的震动时，各个教室里的学生们都立刻按照老师的要求钻进课桌下，在第一阵地震波过后，大家又在老师的指挥下立刻进行了快速而有序地紧急疏散。在地震发生后短短1分36秒左右的时间里，桑枣中学的2200名学生和上百名老师，就已经全部安全地转移到了学校开阔的操场上。

学生们所说的演习，就是这所桑枣中学自2005年起按照叶校长的要求，开始进行的一种安全疏散演习。叶校长告诉记者，当初他是看到沿海地区一些消防演习和发达国家学校的灾难防避教育，再根据自己学校的实际情况而萌生的搞安全疏散演习的想法，此外，叶校长还有一个固执的行为，那就是连年累月地想方设法加固学校的教学楼。这一座桑枣中学的实验教学楼，在80年代修建完成。老叶当校长后，一直在加固修建它。叶校长把这座楼上原来华而不实却又非常沉重的砖栏杆拆掉，换上了轻巧美观而结实的钢管栏杆，又对整栋楼动了大手术，重灌水泥，把原来22根37厘米的承重拄，都加粗到了50厘米。这座建筑时只花了17万元的楼房，光加固就用了40万元钱。强烈地震发生时，在这座实验教学楼里有700多名师生正在上课，不过由于经过加固的这座楼和其他教学楼都岿然不动，给学生疏散赢得了宝贵的时间。

● 专家点评

由于发生地震时造成建筑物倒塌，生命线工程破坏，无法避免人员伤亡和经济损失，因此震前防御就成了地震灾害综合防御的关键，对减轻地震灾害起着决定性作用。桑枣中学按照叶校长的要求在地震发生前，对已有的重要建筑物与生命线工程进行了抗震加固，在地震发生时就有效地抵御了地震破坏。再比如，桑枣中学在地震之前已制定了切实可行的地震应急方案，地震发生时就可以有条不紊地开展救灾工作，最大限度地减少地震灾害造成的损失。

其实在地震之前，也有不少听到震前地声的例子。据调查，距1976年唐山7.8级地震震中100公里范围内，在临震前尚没入睡的居民中，有百分之九十五的人听到了震前的地声。震前地声最早出现在7月27日23时左右，这些早期听到的地声比较低沉。如在河北遵化县、卢龙县，很多人在27日23时听到远处传来连绵不断的"隆隆"声，声色沉闷，忽高忽低，延续了一个多小时。在京津之间的安次、武清等县听到的地声，就像大型履带式拖拉机接连不断地从远处驶过。在剧烈的地动到来前半个小时到几分钟内，震区群众听到了不同类型的地声。据后来人们回忆，有的听来犹如列车从地下奔驰而来，有的如狂风啸过，伴随飞沙走石、夹风带雨的混杂声，有的似采石放连珠炮般声响，在头顶上空炸开，或如巨石从高处滚落。这奇怪的声响和平日城市噪声全然不同。

●专家提醒

制定家庭防震计划，平日做好家庭防御准备，并进行演习、训练。平时的准备工作，是将受害控制在最小程度的基本，每个家庭都应及时检查并消除家中不利防震的隐患。

1.大衣柜、餐具柜厨、电冰箱等做好固定、防止倾倒的措施。在餐具柜厨、窗户等的玻璃上粘上透明薄膜，以防止玻璃破碎时四处飞溅。

2.为防止因地震的晃动造成柜橱门敞开，里面的物品掉出来，在柜橱、壁橱的门上安装合叶加以固定。

3.不要将电视机、花瓶等放置在较高的地方。

4.为防止散乱在地面上玻璃碎片伤人，平时准备好较厚实的拖鞋。

5.注意家具的摆放，确保安全的空间。家具物品摆放做到"重在下，轻在上"，墙上的悬挂物要固定，防止掉下来伤人；清理好杂物，让门口、楼道畅通；阳台护墙要清理，拿掉花盆、杂物。

6.充分注意煤油取暖炉等用火器具及危险品的管理和保管，易燃易爆和有毒物品要放在安全的地方。

7.加固水泥预制板墙，使其坚固不易倒塌。

8.紧急备用品准备好，可准备一个包含以下物品的家庭防震包，放在便于取到处。

（1）饮用水（2）食品、婴儿奶粉（3）急救医药品（4）便携式收音机、手电筒、应急灯、绳索、干电池（5）现金、贵重品（6）内衣裤、毛巾、手纸等。

9.检查和加固住房。对不利于抗震的房屋要加固，不宜加固的危房要撤离。

10.进行家庭防震演练，进行紧急撤离与疏散练习以及"一分钟紧急避险"练习。

森林火灾求生自救

● 现场点击

某日11时40分，村民彭某为防田鼠损坏雪花豆苗，擅自点烧菜地边的芦苇，点燃后未采取防范措施，就离开豆田回家吃饭，结果火头越过公路和铁路，引发森林火灾。中午约12时，学生戴某在午休时去山坡玩，发现山上有火，立即报告村学校的校长冯某。冯某当即组织学校里的教师和几名男生赶赴火场扑救。等他们到达现场，火场过火面积已达100亩，他们兵分两路，一路10人在水源旁离火头只有20米左右距离的小山脊往上开火路，另一路4人在火源右侧沿饮水沟往东北方向开火路。开了2~3分钟，发现火场刮西北山谷风，并伴有旋风，火势凶猛，能见度低。校长冯某叫大家赶快撤退，其中4人往山坡的右侧东北方向生态公益林内跑去，安全脱险。而其余10人先往山坡东北方向，然后折回朝西北方向山顶跑，跑出不远即被山顶往下燃烧的大火挡住了去路，因山势陡峭、山路难行、火势旺，加之当时火场气温高，风速大，山坡上浓烟夹着灰尘四起，能见度极低，10名扑火人员当时迷失了方向，被包围在火海中。其中跑在最后的两人，因滑倒滚下山，趴在离事故现场仅8米左右的小水沟中，侥幸逃生。其余8人惊慌中无法分辨方向，在大火中被浓烟熏呛，窒息后被高温烤灼而死。整个火烧过程仅有20分钟。

● 专家点评

从这起火灾发生来看，该山场正是由于坡陡、沟窄、易燃物相对集中的特点，构成了易发生高强度林火的环境条件。

从扑救人员死亡来看，校长冯某带领师生到达火场后，在没有认真观察火势、火场气象、植被等情况下，仓促进入林地去开设防火隔离带，选择进入火场的线路不合理，开设隔离带位置不正确，携带扑火工具简陋，扑火人员无安全保护装备以及避险逃生自救能力差，遇到险情惊慌失措，盲目逃生导致悲剧的发生。

从彭某点燃杂草延烧到山场大约要1小时，而且起火点离村庄不远，视野开阔，理应及时发现，但直到学生戴某上山后才发现失火，说明有些地方，野外火源管理责任不落实，特别是上午11：00或下午4：00后农民收工前这一段时间，是农事用火高峰时段，护林员和管护责任人均不在位，管理上出现了真空，从而酿成了大灾。

● **急救措施**

在森林中一旦遭遇火灾，应当尽力保持镇静，就地取材，尽快做好自我防护，可以采取以下防护措施和逃生技能，以求安全迅速逃生：

1.在森林火灾中对人身造成的伤害主要来自高温、浓烟和一氧化碳，容易造成热烤中暑、烧伤、窒息或中毒，尤其是一氧化碳具有潜伏性，会降低人的精神敏锐性，中毒后不容易被察觉。因此，一旦发现自己身处森林着火区域，应当使用沾湿的毛巾遮住口鼻，附近有水的话最好把身上的衣服浸湿，这样就多了一层保护。然后要判明火势大小、火苗延烧的方向，应当逆风逃生，切不可顺风逃生。

2.在森林中遭遇火灾一定要密切风向的变化，因为这说明了大火的蔓延方向，这也决定了你逃生的方向是否正确。实践表明现场刮起5级以上的大风，火灾就会失控。如果突然感觉到无风的时候更不能麻痹大意，这往往意味着风向将会发生变化或者逆转，一旦逃避不及，容易造成伤亡。

3.当烟尘袭来时，用湿毛巾或衣服捂住口鼻迅速躲避。躲避不及时，应选在附近没有可燃物的平地卧地避烟。切不可选择低洼地或坑、洞，因为低洼地和坑、洞容易沉积烟尘。

4.如果被大火包围在半山腰，要快速向山下跑，切忌往山上跑，通常火势向上蔓延的速度要比人跑的快多，火头会跑到你的前面。

5.一旦大火扑来你处在下风向，要做决死地拼搏果断地迎风对火突破包围圈。切忌顺风撤离。如果时间允许可以主动点火烧掉周围的可燃物，当烧出一片空地后，迅速进入空地卧倒避烟。

6.顺利地脱离火灾现场之后，还要注意在灾害现场附近休息的时候要防止蚊虫或者蛇、野兽、毒蜂的侵袭。集体或者结伴出游的朋友应当相互查看一下大家是否都在，如果有掉队的应当及时向当地灭火救灾人员求援。

如果同学们喜欢到大自然中去享受绿色，也不要忘了大自然也有发脾气的时候。掌握一定的自救常识和基本技能，会让你的旅程有惊无险。要遵守禁止使用明火的要求。

家庭火灾逃生自救

● 现场点击

　　某市中心附近一居民楼突发大火，一时间火光四射，烟雾缭绕，居民遭遇到可怕的威胁。面对突如其来的火灾，张威一家发现火苗通过他家的大门已经窜入了大厅之中，张威的爸爸果断地带领妻儿躲进了厕所。在父亲的指导下，张威和母亲用手巾和浴巾把厕所的门缝堵住，然后张威打开厕所的窗户呼喊楼下的消防队员，消防队员利用云梯迅速地把张威一家解救了下来。由于起火点在一楼，火灾发生时老孙的小女儿正在楼道里玩耍，当她看到滚滚浓烟从楼下向她家逼近时，孙可马上告诉了她父母，孙可一家也并没有因为火还没有烧到他们家就开门往楼下跑，而是跑上了楼顶的平台，同样他们的呼救被消防队员及时发现，他们一家也获救了。

● 专家点评

　　在火场逃生中一定要保持沉着冷静，正确估计火势发展和蔓延势态，不得盲目采取行动，先要考虑安全及可行性后，方可采取行动。尽量减少所携带物品的体积和重量。逃生、报警、呼救要同时进行，防止只顾逃生而不顾报警与呼救的行为。

　　第一，在浓烟环境中，迅速确定相对安全的环境，火灾中，被困者应积极寻找卫生间、厨房等小空间，把门关紧，条件和时间允许，要找布条等将门缝塞严或浇水，阻止浓烟进入，然后再打开窗户，这样既可以呼吸新鲜空气，又可以大声呼救。这正是张威一家的选择。

　　第二，被困者相对安全的选择是跑到房顶，因为屋顶空间大、空气充沛、供氧充足，且一般离火点最远，被困者受烟火侵害的几率最小，这样就可以争取到一定的时间，等待消防队员的救援。

　　第三，浓烟是火灾中的第一杀手，火灾的死伤大部分是浓烟造成的，火灾中产生大量有毒浓烟，短短数分钟就可将人熏倒甚至死亡。被困楼上的人们，如果慌乱中想强行穿过浓烟封锁区，几乎是死路一条。

● 急救措施

当发现自己的住宅或居家失火时，头脑要冷静，千万不要惊慌失措，应该采取行之有效的措施，并及时报警。迅速拨打火警电话119向消防队报警。报警时要讲清起火小区名称、地址、着火部位、着火物质、火情大小、报警人的姓名及报警使用的电话号码，如有可能，派人在路口迎候消防车。

如果火势不大可以考虑自己扑灭，下面就具体的介绍一下各种火情的扑灭方法：

1.电器着火怎么办？

首先应关闭电源开关，然后用干粉或气体灭火器、湿毛毯等将火扑灭，切不可直接用水扑救；电脑、电视机着火时应从侧面扑救，以防内部零件爆裂伤人。

2.衣服、织物以及小件家具着火怎么办？

可迅速将着火物拿到室外或卫生间等较为安全的部位用水浇灭，不要在家里乱扑乱打，以免将其他可燃物引燃。

3.固定家具着火怎么办？

先用水盆接水扑救，如火势得不到控制，则利用楼梯间或走廊上的消防栓进行扑救，同时迅速挪开固定家具旁边的可燃物品。

4.身上衣物着火怎么办？

可就地打滚压灭身上的火苗，千万不要胡乱奔跑。

5.电线冒火花怎么办？

不可盲目靠近，以防发生触电事故，应先关闭电源总开关再进行扑救。

6.油锅着火怎么办？

油锅着火时，可垫上抹布等物，把锅迅速端离火源，并盖严锅盖，将火压灭。如果烧的是煤气或油气，要先关气门，再用锅盖压灭。如果旁边有切好的青菜，也可将菜抛入锅内，以助灭火。

7.液化气罐着火怎么办？

如果是液化气罐着火，可先用湿毛巾等堵塞漏气冒火处，将火压灭，再进行修理（最好能与煤气公司取得联系）。如果火势已大，应一面用干粉灭火器扑救，一面向消防队报警。

8.密闭房间着火怎么办？

扑救房间内火灾时不要急于开启门窗，以防止新鲜空气进入后加大火势。

如果火势太大，自己无法扑灭则要迅速逃离火灾现场，用毛巾或布蒙住口鼻，减少烟气的吸入，关闭或封住与着火房间相通的门窗，减少浓烟的进入。从烟火中出逃，如烟不太浓，可俯下身子行走；如为浓烟，须匍匐行走，在贴近地面30厘米的空气层中，烟雾较为稀薄。高层建筑的电梯间、楼梯、通气孔道往往是火势蔓延上升的地方，要回避。烟火上行，人要下行。如果楼梯确已被火烧断，应冷静地想一想，是否还有别的楼梯可走，是否可以从屋顶或阳台上转移，是否可以借用水管、竹竿或绳子等滑下来，可不可以进行逐级跳跃而下等等。

学校火灾逃生自救

● 现场点击

2000年冬天，某女学生寝室4楼的一间发生火灾。不少男生在宿舍听到了这个消息直接套上外套就冲到了事发的女生宿舍楼下。

从周边的人中他们了解到，现在距离事发还不到3分钟，事发原因是4楼那间寝室的一位女生在寝室烧酒精炉煮面条，不小心弄翻了酒精炉。液体酒精溅到了床上，导致火势蔓延。最后，一个上下铺全烧起来，并且狭窄的过道根本不容人在这样的环境下跑过去。3个女生被困在寝室最里面的角落，朝外呼喊求救。楼下的男生们这时也八仙过海各显神通想办法把身上弄湿。部分男生去超市买大瓶水直接往身上淋，部分去了楼下的理发店找水。在女生宿舍楼大约200米处有个喷泉池，从没见它喷过，只是有大半池的蓄水，有的男生直接跳进了齐腰深的喷泉池，然后蹲下让水直接从脖子漫进去，然后大家就冲了进去。4楼已经烟雾弥漫了，最前面的3个男生一起踹门，门开的一刹那最前面的7、8个人被喷出来的火烧到了，幸好湿毛巾绑在脸上有惊无险。有人找来灭火器灭火，最后门口的火小了些，但是中间还是有很大的火。4个高低床都在烧，中间的桌子已经垮了，3个女生正紧蹲在窗的另一边的墙角，由于这个时候门被打开，火势直扑窗口那边。2个男生在门口继续用灭火器喷，有几个男生拼一口气压低身子往里冲，走不了几步就被逼退回来，虽然身上湿淋淋的可还是烤得很痛。后来是超市的老板和2个比较壮的男生裹着湿透的棉被冲进去才把人救出来。

●专家点评

上述事件当中参加救火的男同学们和小超市的老板表现得非常的勇敢，他们的救火策略也基本符合救火的常识。他们首先想到把自己的衣裤弄湿后再进入火场，这是十分正确的。

被困女生应该保持清醒的头脑，想办法就地灭火。如用水浇、用湿棉波覆盖等，如果不能马上扑灭，火势就会越烧越旺，就有被火围困的危险，这时应该设法脱险。

●专家提醒

在宿舍，学生应自觉遵守宿舍安全管理规定，做到不乱拉乱接电线；不使用电炉、电热杯、热得快、电饭煲等电器；使用台灯、充电器、电脑等电器要注意发热部位的散热；室内无人时，应关掉电器和电源开关；不在宿舍使用明火；不将易燃易爆物带进宿舍；不在宿舍内焚烧物品；发现不安全隐患及时向管理人员或有关部门报告；爱护消防设施，不将灭火器材随意移动或挪作他用等等。在实验室、学生实验或工作时，一定要严格遵守各项安全管理规定、安全操作规程和有关制度。使用仪器设备前，应认真检查电源、管线、火源、辅助仪器设备等情况。如放置是否妥当，对操作过程是否清楚等，做好准备工作以后再进行操作。使用完毕应认真进行清理，关闭电源、火源、气源、水源等，还应清除杂物和垃圾。尤其涉及使用易燃易爆危险品时，一定要注意防火安全规定，按照规定一丝不苟地进行操作，用剩的化学试剂，应送规定的安全地点存放。

●急救措施

如果你所在的学校是楼房的话，失火时，应沿楼梯迅速撤离起火区，如果楼梯被火和烟雾封住，就不要习惯性地硬走楼梯，这样容易被烟火熏倒或是烧伤。因为楼梯口是楼层间上下连通的空间，空气较充足，且具有烟囱效应，大量的烟雾、火舌会延伸到这里。因此，应该寻找没有发生燃烧的房间，将房门封闭，防止烟火侵入。如果大火已逼近你躲避的房间，则应该打开窗户或者到阳台上呼救，有条件的情况下，也可以利用绳索等物，连接成自救绳，将它牢牢地系在室内固定或承重物体上，沿着绳索攀到安全地带。此时千万不要慌乱跳楼，这样很容易造意外成伤亡。

另外，如果有条件的话，你要当机立断披上浸湿的衣服或裹上湿毛毯、湿被褥勇敢地冲出去。如果你的衣服被烧着，应该尽快脱掉，就地扑打；如果来不及脱掉，可以躺在地上就地翻滚，或者用水浇灭。此时不要带火奔跑，这样不但烧伤自己的身体，而且还容易传播火种。当见烟不见火时，不要随意打开门窗，这时室内可能由于空气不足火在阴燃，如果打开门窗，就能形成空气对流，助长火势蔓延，即使有必要打开门窗时，也不要大开。不要过分重视抢救物品，在逃生过程中，要分秒必争，不要浪费时间去穿衣戴帽，或者去寻找贵重的物品。当然，在条件允许的情况下，积极地抢救物品是可以的，但是如果来不及抢救，应当尽快地逃生，不要因为寻找物品而受到伤亡，特别是当跑到室外以后又因牵挂室内的物品，重返火场，这样做相当危险。古今中外，火场中因贪财而丧命者不乏其例。

逃生时经过充满烟雾的路线，要防止烟雾中毒、预防窒息。为了防止火场浓烟呛入，可采用毛巾、口罩蒙鼻，匍匐撤离的办法。烟气较空气轻而飘于上部，贴近地面撤离是避免烟气吸入、滤去毒气的最佳方法。穿过烟火封锁区，应佩戴防毒面具、头盔、阻燃隔热服等护具，如果没有这些护具，那么可向头部、身上浇冷水或用湿毛巾、湿棉被、湿毯子等将头、身裹好，再冲出去。

公共娱乐场所火灾逃生自救

●现场点击

2007年的暑假，王笑和他的同学在一家KTV庆祝王笑16岁生日。他们从下午6点多一直玩到了夜里12点。时间一过12点，有些女同学就有点困了，他们正准备回家的时候，只看见一个小伙子头上冒着烟跑过他们唱歌的房间，嘴里还喊着："着火了，着火了！"。王笑和同学们一看形势不好，立即冲出了房间，可是走廊里已经是烟雾弥漫，看不清路，王笑大喊："跟我来！"同学们跟在王笑后面，七拐八拐还真的冲出了歌厅，出来一看，歌厅房顶已经蹿出1米多高的火苗。王笑的同学李虎问王笑："你真神呐，你咋知道路呢?"王笑笑着说："我下午来的时候就勘察好地形了，这个歌厅只有这一个安全出口是走得通的，其余的都被锁死啦，所以我就选了一个离这个出口最近的房间。"李虎也笑了，"你小子还挺有心眼儿呢。"大家赶快报警。

不一会儿10多辆消防车已经赶到现场。半个小时左右大火就基本被扑灭了，但是不停地有黑烟冒出。为方便消防车救援，交警将歌厅门前的大路封了。两辆急救车停在现场，警察已经将现场封锁，几十名戴着呼吸器的消防队员穿梭在现场。"刚才有两三个人被人用担架抬了出来，好像是这里的服务员。"王笑对赶来的记者说。王笑和他的同学一共12个人就这样有惊无险的度过了王笑的16岁生日。

●专家点评

由于酒吧、KTV一般都在晚上营业，并且进出顾客随意性大、密度很高，加上灯光暗淡，失火时容易造成人员拥挤，在混乱中容易发生挤伤踩伤事故。因此，只有保持清醒的头脑，明辨安全出口方向和采取一些紧急避险措施，才能掌握主动，减少人员伤亡。在发生火灾时，首先应该想到通过安全出口迅速逃生。特别要提醒的是：由于大多数酒吧、舞厅一般只有一个安全出口，在逃生的过程中，一旦人们蜂拥而出，极易造成安全出口的堵塞，使人员无法顺利通过而滞留火场，这时就应该克服盲目从众心理，果断放弃从安全出口逃生的想法，选择破窗而出的逃生措施，对设在楼层底层的酒吧、歌舞厅可直接从窗口跳出。对于设在二层至三层的酒吧、舞厅，可用手抓住窗台往下滑，以尽量缩小高度，且让双脚先着地。设在高层楼房中的酒吧、歌舞厅发生火灾时，首先应选择疏散通道和疏散楼梯、屋顶或阳台逃生。一旦上述逃生之路被火焰和浓烟封住时，应该选择下水管道和窗户进行逃生。通过窗户逃生时，必须用窗帘或地毯等卷成长条，制成安全绳，用于滑绳自救，绝对不能急于跳楼，以免发生不必要的伤亡。

●急救措施

公共娱乐场所有几个特点，一是人员密集，二是易燃物品比较多，所以一旦发生火灾，如果不能及时扑救便会造成群死群伤的惨剧。

一般到一个地方首先就要留意这个地方的疏散指示标志。疏散指示标志一般分出口指示和疏散方向指示，有些地方还有疏散指示图。这时你最好是按指示确认一下你所在位置最近的消防疏散通道，最好顺着这些通道走一下，看是否能够通行。毕竟有些娱乐场所的疏散通道不是堵塞就是上锁要不就根本走不通。

其次要看的是这个场所的消防灭火器材，灭火器是最常见，现在一般的场所配置的都是 ABC 干粉灭火器，一般的初期火灾用这个灭火器就可以扑灭。另外一种常见的是防烟面具，这是防止有毒气体侵袭你的首选用具。

如果你闻到什么烧焦味或者听到警铃响的话，一定要停止一切娱乐活动，观察四周有什么异常现象，从你刚刚了解的消防通道逃生。不过你在逃生的时候，最好用手机打个"119"，把起火的地址告诉消防队。当然同时也要告诉现场的工作人员，听从他们的指挥。如果消防员已经到达了现场，那么你就要听从他们的指挥。

如果你撤退的方向有浓烟，那你也不要紧张，把刚刚看过的防烟面具按照说明方法戴上。如果没有防烟面具，你就要找找有没有毛巾，找不到也不要怕，把你身上的衣服脱一件，最好是有棉质的，然后把衣服多叠几层，随后用水弄湿，如果没有水用尿也可以。

当然这个过程要快，当你做好了以后，就把衣服捂住鼻子，通过浓烟区最好是靠墙边爬行，顺着指示牌的指示逃到安全地点。因为很多装修材料燃烧时会发出有毒气体，这是火灾的第一杀手！湿毛巾（湿衣服）可以有效有隔绝有毒气体，由于烟都是往上升的，所以趴得越低受到的伤害就越少，当然靠墙边给其他人踩到的几率相对也会小一点。

如果疏散的位置堵塞或者有火不能通过怎么办？马上跑到有窗户的房间去，最好是卫生间。进去以后把门关上，打开窗户。找一些布浸湿了把门缝塞死，还要不停地用水浇门，这样做的好处是你暂时可以避开烟和火等待救援。

当你从火灾现场逃出来了之后，先自己检查一下自己是否受伤，如果有条件的话，可以找医生检查一下。还要清点与你一起的人是否都到齐，如果没有，就得向现场的消防人员报告。将你刚刚逃生的位置告诉他们，条件允许的话他们会马上去搜救，你要记住，被困人员早一分钟被发现就多一分生还的机会！

地下室火灾逃生自救

●现场点击

大年三十那天晚上10点多钟，刚上高一的李志勇从奶奶家吃完饭往家走，刚进他们家的小区，就看见他们家前楼的地下室火光冲天，李志勇马上掏出手机拨打了119报警，在说明了着火地点之后，李志勇又马上跑到小区的大门口等待着救火车的到来。不到10分钟消防中队的三部水罐车和21名消防队员就赶到了李志勇所住的小区门口，李志勇看到消防车来了，马上迎上去，和消防队员说明情况。消防车在李志勇的带领下迅速驶向火灾现场。这时只见股股浓烟不断从地下室冒出，同时夹杂着噼噼啪啪的鞭炮声，院子里挤满了围观群众，一名年约四五岁的孩童被吓得哇哇直哭。看到消防官兵到来，许多群众大声嚷道：快救火吧！里面放着好多易燃品，还有很多鞭炮呢！见状，中队指挥员迅速拿出一支水枪从地下室进出口处向内喷水，同时命令侦查小组佩戴空气呼吸器并携带必要防护装备进入地下室内展开火情侦查。但由于地下室光线较暗，浓烈的烟雾和呛人的烟味几次迫使侦察员退出来。最终，救火队员在指挥员的带领下，经过40多分钟的扑救，终于将大火扑灭。

●专家点评

地下室起火后极易产生和聚积大量浓烟，救火时需要装备呼吸器之类专业消防器材进行扑救。李志勇发现火情之后，在第一时间拨打了火警电话，没有在产生大量浓烟之后，贸然进入火区救火，这样避免了吸入有害浓烟和因不明火情而发生危险，他的做法是十分正确的。同时，在浓烟充斥楼道时，楼内居民应避免外出，避免使用电器。

●急救措施

1.地下室一旦发生火灾，要立即关闭空调系统停止送风，防止火势扩大。同时，要立即开启排烟设备，迅速排出地下室内烟雾，以提高火场能见度。

2.迅速撤离险区，采用自救和互救手段迅速疏散到地面、避难间、防烟室及其他安全区域。

3.灭火与逃生相结合。严格按防火分区或防烟分区,关闭防火门,防止火势蔓延,把火灾控制在最小范围内,火灾刚发生时应采取一切可能的措施将其扑灭。

4.逃生时,尽量低姿前进,不要做深呼吸,可能的情况下用湿衣服或毛巾捂住口、鼻,防止烟雾进入呼吸道。

5.万一疏散通道被大火阻断,尽量想办法延长生存时间,等待消防队员前来救援。

●小贴士

地下室火灾的特点

1.浓烟积聚不散。一旦发生火灾,烟气从起火点向上升腾,迅速扩散、积聚,浓烟区的形成是由于气体流通不畅造成的。浓烟的积聚还与地下室口的"吸风"作用有关,扩散到出入口的烟雾,有部分又被卷吸了回去,这就加剧了地下室的烟雾,久久不散,一旦发生火灾,扑救工作就比较困难。

2.易造成人员伤亡。如果一旦发生火灾,第一件事是要断电,但是如果地下室还缺乏事故照明及疏散指示灯,在浓烟充斥时,地下的能见度往往少于"危险视距"(规定为3米),甚至不足1米,被困人员就会惊恐失措,寸步难行,火源如果靠近出入口时,火焰又会封锁通道,地下空间有限,氧气大量被燃烧损耗,所以地下火灾造成的人员伤害是非常严重的。

3.灭火行动艰难。地下室一般是一栋一个出入口,也有两个出入口的,但是两个以上的就很少了。地下室出入口少,通道狭窄,到场的消防力量不能全面展开,只能派精干小分队组织水枪深入内部攻击火源。消防队员攻入地下室后,因拐弯多、门卡多而行动不便,在巷道内铺设水带,调整器材或转移水枪阵地非常困难,给灭火人员带来一定的困难。

居家洪水暴发时避险自救

● 现场点击

1954年，那年刘明洋16岁，家住在长江边上，也就是在这一年他的家乡发了大水。当时长江的水快要涨到他们家门口了，村里大人基本上全去守长江大堤，只有老人孩子和妇女在家。刘家人急等守堤坝的父亲或叔叔赶回来救人，那时刘明洋姑姑家的两个弟弟也在刘明洋家玩，这可急坏了刘明洋的爷爷奶奶，二老不知如何办才好？幸好刘明洋的姑父赶来"救驾"，帮他们家收拾东西，准备搬家。但是刘明洋的姑父是个山里的"旱鸭子"，看见江水猛涨长心里早就慌了神。在情急之中，刘明洋担起家庭的总指挥，他一声令下："抢险先救人，我们必须先转移到安全的地方，家里的东西等一等再说。"当时的水已经没过了成年人的膝盖了，刘明洋的两个弟弟根本不能自己行走。

刘明洋的姑父不会扎木排，再说扎木排也来不及了。刘明洋想起家里有个大鱼盆，像个小船，浮力很大，可以载重千斤，刘明洋建议把两个弟弟全部装进大鱼盆里，大家都赞同。姑父却说"看不见路线如何送呢？"刘明洋说："绕着村往北上大坝，以一棵大枫树为目标朝上走就对了。"刘明洋协助姑父把两个小孩放进水中的大鱼盆，姑父在前面走，用手撑着渔盆，爷爷随后推着大鱼盆，刘明洋扶着奶奶跟在后面，向大堤方向前进。每行几步路，盆都要在水中摇晃几下，姑父有些心慌，刘明洋叫他沉着些，脚步踏稳，一步一步向前推进！他们将要走到一半时，水已经齐腰深了，"旱鸭子"的姑父不敢前进了，他停下来说："水太深，怎么办？"刘明洋叫他不用慌，水涨得不会那么快，只要我们看好路线有没有偏差，朝着大枫树走就对了。于是他们校正了一下路线，又往上走了一段，终于上了大堤，安全地脱险了。

● 专家点评

刘明洋一家的顺利脱险取决于以下几点：第一，他们对洪水的到来有一定的预见性，在洪水来临之前就果断地决定转移；第二，在转移之前他们又有周密的安排，和计划好的路线；第三，刘明洋的统一的指挥也起到了关键性的作用；第四，他们正确的使用了大鱼盆作为小孩的逃生工具，这就解决了儿童在水中艰难跋涉的困难。

●急救措施

1.居住在山洪易发区或冲沟、峡谷、溪岸的居民，每遇连降大暴雨时，必须保持高度警惕，特别是晚上，如有异常，为防止洪水涌入屋内，首先要堵住大门下面所有空隙。最好在门槛外侧放上沙袋，可用麻袋、草袋或布袋、塑料袋，里面塞满沙子、泥土、碎石。如果预料洪水还会上涨，那么底层窗槛外也要堆上沙袋。

2.如果你感到自己的房子有可能抵挡不了这次洪水，那么应迅速离开现场，就近选择安全地方落脚，避难所一般应选择在距家最近、地势较高、交通较为方便及卫生条件较好的地方。在城市中大多是高层建筑的平坦楼顶，地势较高或有牢固楼房的学校、医院等。并设法与外界联系，做好下一步救援工作。切不可心存侥幸或因救捞财物而耽误避灾时机，造成不应有的人员伤亡。

3.在撤离的过程中一定要认清路标，在那些洪水多发的地区，政府修筑有避难道路。一般说来，这种道路应是单行线，以减少交通混乱和阻塞。在那些避难道路上，设有指示前进方向的路标，如果避难人群没有很好地识别路标，盲目地走错路，再往回折返，便会与其他人群产生碰撞、拥挤，产生不必要的混乱。而且要保持镇定的情绪。在洪灾中，避难者由于自身的苦痛、家庭的巨大损失，已经是人心惶惶，如果再受到流言蜚语的蛊惑、避难队伍中突然发出的喊叫、警车和救护车警笛的乱鸣这些外来的干扰，极易产生不必要的惊恐和混乱。

4.如果洪水来得过于迅速，水位不断上涨，就必须自制木筏逃生。任何入水能浮起的东西，如床板、箱子、柜、门板等，都可用来制作木筏。如果一时找不到绳子，可用床单、被单等撕开来代替。在爬上木筏之前，一定要试试木筏能否漂浮。收集食品、发信号用具（如哨子、手电筒、旗帜、鲜艳的床单）、划桨等也是必不可少的。在离开房屋漂浮之前，要吃些含较多热量的食物，如巧克力、糖、甜糕点等，并喝些热饮料，以增强体力。

在校洪水暴发时避险自救

● 现场点击

2005年6月10日14时10分左右，学生王华清正在教室里上语文课，突然看到外面的操场进水了，他意识到这不是好事，他马上告诉正在上课的语文老师。老师马上对学生们说："大家赶快收拾书包，放学。"然而当学生们刚迈出教室，老师一回头，看到水已经涨到一尺多深了，老师一边用手挡着门，一边冲学生喊："快，都站到桌子上面！"有一名个子矮的学生吓慌了，上不去，这时候老师正在搬讲桌去挤住门，王华清见状，马上跳下自己的课桌，把那个小个子的同学抱上自己的桌子。老师回过头大声地问学生："孩子们，你们都站到桌子上了吗？"同学们齐声回答："站好了！"这时，王华清喊："老师！老师！"老师说："怎么了？""水都到你的腰了！"王华清说。老师一低头，才发现水已经淹没胸口了！老师也忙站到了椅子上，可是，突然，门口涌进一股巨浪，把讲桌一下子冲倒，全班学生和老师都摔在了水中。老师马上又站起来，大声喊："靠窗的同学站到窗台上去，中间的同学每人抓住一样东西！你们千万不要撒手，千万不要动！"

同学们还是慌乱不止，王华清大声喊："同学们，听老师的话，一定要抓住椅子或者桌子，千万不要动，也别撒手，一动桌子就会翻过来，就会溺水！"

不一会儿，孩子们安静下来了。可是水还在呼呼地上涨，已经没过了站在窗台上的孩子的腰。这时，站在窗台上的孩子喊："老师，我们抓不住啊！"老师看到这种情况，蹬上窗台，用力用肘部击碎窗户最顶部的玻璃，然后扶着他身边的同学的手抓住窗框。就在这时老师侧面的一个体质差的小女孩，手慢慢地松开了，顺着窗户往下滑。老师立即伸出一条腿，抵住了小女孩的身体。这时，又有一个胖男孩抓不住椅子，向下沉，王华清伸出一只手，死死地拽住他的胖同学。同学们和老师就这样你拽我、我帮你地足足坚持了20分钟，终于挺到了水渐渐消退。

●专家点评

语文老师和班长王华清同学的勇敢的行为值得我们每一个人钦佩，但是最重要的是老师和王华清同学的行为符合了我们的洪水遇险自救原则，所以他们才能成功脱险。比如，如果水面上涨的时候你在一座坚固的建筑物里，待在里面别跑，即使水位迅速涨高，危险也比你赤脚逃出要小些。这是师生们在本次学校水灾之中遵循的最重要的原则。

还有就是在建筑物尚未淹没时可先转移到上层房间，如是平房就上屋顶。如果屋顶是倒斜的，可将自己系在烟囱或别的坚固的物体上。如水位看起来持续上升，应就地取材准备小木筏，如果没有绳子捆扎物体，就用床单。但是，除非大水可能冲垮建筑物，或水面没过屋顶迫使你撤离，否则待着别动，等水停止上涨。

●急救措施

当你在学校遇到洪水的时候，一定要听从家长或学校的组织与安排，进行必要的防洪准备，或是撤退到相对安全的地方，如防洪大坝上或是当地地势较高的地区。

来不及撤退者，尽量利用一些不怕洪水冲走的材料，如沙袋、石堆等堵住房屋门槛的缝隙，减少水的漫入，或是躲到屋顶避水。房屋不够坚固的，要自制木（竹）筏逃生，或是攀上大树避难。离开房屋前，尽量带上一些食品和衣物。

被水冲走或落入水中者，首先要保持镇定，尽量抓住水中漂流的木板、箱子、衣柜等物。如果离岸较远，周围又没有其他人或船舶，不要盲目游动，以免体力消耗殆尽。

被洪水隔离困陷自救

●现场点击

正在上高二的赵子航在他们家小区对面小饭店买回早点的工夫，汹涌的洪水就开始向他们家住的小区席卷而来，不到半个小时，小区的马路就被洪水淹没，而且水位不断上涨。一些有思想准备的居民开始把汽车、摩托车转移到小区高处，利用当地的高地势来避免因被洪水淹没而造成的财产损失。半小时之后，小区一带全面停电，自来水开始变浑转浊；又过了一个小时，随着外面水位的不断抬升，小区内出现各种垃圾漂流物，此时，在赵子航他们家楼下有一辆广州本田小汽车停在前面的草坪绿化带上，住在三楼的赵子航在阳台上一看，这辆汽车正是二楼李叔叔的，他马上跑到李叔叔家，对李叔叔说，赶紧把汽车开到山脚去避难，但是李叔叔一方面抱着侥幸心理，以为绿化带地势较高，加上小车有四个轮子的高度，洪水漫不到车内，另一方面又怕此时冲出洪水的包围，半路上万一发动机熄灭，反而弄巧成拙，就没有听赵子航的建议。又过了大约一个小时，洪水开始向小区楼道迫近，很快洪水进入车库走廊，慢慢流入各家各户的车库。

赵子航看到洪水已有齐腰深，下到小区路面上去帮忙已不现实，于是就建议楼道内的居民转移物资，相互帮助，把电瓶车抬到二楼的走廊上，赵子航还把一些高档自行车、赛车搬上自己家，以免被洪水淹没，楼内还有些人把一些较重要的物品吊到高处搁置起来，尽量把损失降到最低限度。当大家把能转移的东西都转移了之后，看到那辆停在前面的草坪绿化带上广州本田小汽车已经只剩车顶还露在水面上了，李叔叔也十分后悔没有听赵子航的话。

●专家点评

赵子航所住的小区的洪水属于比较小的，他们小区的居民对待和处理洪灾的方法也基本得当，只是本田车车主应该更早一些把他的汽车转移到地势更高的地方，但是如果遇到较大的洪水时就要迅速向山坡、高地、楼房高层、避洪台等地转移了。如果在转移之前能够有时间的话应关闭煤气和电路，准备应急的食物、保暖衣服和饮用水。饮用水要储存在可拧紧瓶盖的塑料瓶和其他密闭性好的容器中。所有的盛水容器都要密封，避免漏水或被污染，这很重要。如果可能的话，收集手电、口哨、镜子、色彩艳丽的衣服或旗子，它们可以作信号之用，将其放进工具箱。一个野营炉很有价值，可以用来加热食物、饮水和取暖。蜡烛也有用，但也不要忘记火柴。

●急救措施

1.如果已被洪水包围，要设法尽快与当地政府防汛部门取得联系，报告自己的方位和险情，积极寻求救援。

2.如洪水继续上涨，暂避的地方已难自保，则要充分利用准备好的救生器材逃生，或者迅速找一些门板、桌椅、木床、大块的泡沫塑料等能漂浮的材料扎成筏逃生。

3.不可攀爬带电的电线杆、铁塔，也不要爬到泥坯房的屋顶。

4.如已被卷入洪水中，一定要尽可能抓住固定的或能漂浮的东西，寻找机会逃生。

5.发现高压线铁塔倾斜或者电线断头下垂时，一定要迅速远避，防止直接触电或因地面"跨步电压"触电。

● 小贴士

如果不幸落水该怎么办?

如果落水，心态一定要迅速平和下来，呼救时要注意不要让水呛着。尽量如踏自行车那样不断踩水，双手不停划水，使头部浮出水面。身边的任何漂浮物都要尽量抓住。

不会游泳者更不能因紧张害怕而放弃自救，落水后应该立即屏气，在挣扎时利用头部露出水面的机会立即换气，再屏气，再换气，如此反复，就不会沉入水底。

如果落水后碰到浪头，首先不要慌乱，要弄清方向，如浪从正面或侧面打来，可把脸转向背浪的一侧，注意吸气，以免呛水。

采用所谓"身体冲浪技术"，以增加前进速度。浪头一到，马上挺直身体，抬起头，下巴向前，双臂向前平伸或向后平放，身体保持冲浪状。浪头过后，双脚能踩到底时，要顶住浪与浪之间的回流，必要时要弯腰蹲在水底。

浪头过后是较好的登陆时间，这样不用担心撞在岩石上。赶紧抓紧岩石，手足并用，奋力攀登，以免被回流的力量扯回水里。趁下一个浪头到来之前，争取时间爬到岩石上。

游泳者如果遇到汹涌翻滚的波浪，是非常危险的。这种波涛向岸边滚动，碰到水浅的河底时变形，浪顶升起并破裂，浪顶立刻卷成管状，迅速向岸边翻滚。躲避不好，会随波翻滚，失去上下的感觉，不能呼吸，可能撞到水底而晕倒。

有经验者都知道水浪往往是上层危险而下层平静，冲过浪头需在下层做文章。要在两个浪峰的中间钻出水面呼吸，继续前进，再遇浪时，再依此法避之。

必要时蹲在水底，双手插入泥沙里稳住身体。汹涌的波浪在背上涌过时往往感觉得到。波浪过后，蹬脚挺身回到水面，露出头来，并留意下一个浪头。

在交通工具上遭遇洪水自救

● 现场点击

罕见的暴雨引发了朝阳地区爆发山洪，洪水沿着小凌河顺流而下，瞬间小凌河锦州段的洪峰流量达到419立方米/秒。

"河水中有人！"这时有人发现在离岸边数百米远分别有三辆红岩货车和三辆轿车，其中在离岸边500米左右的一辆红岩车上一名穿校服的学生和一位家长正站在车顶向岸上挥手求救；而另一方向的一辆被湍急河水冲翻的轿车倒扣在水中，车内一个女子和另一名穿校服的学生从车中爬了出来，并试图向岸边游来。救援人员组织消防特勤官兵穿上救生衣，系上救生绳，下水将向岸边游来的两人救上岸，经询问，因为此路路过一所寄宿中学，陷在洪水中的被困群众，除了红岩货车司机都是送学生来上学的家长和学生。

眼看水越涨越快，被困人员随时都有可能被洪水卷走。这时，岸上有人与一名红岩货车司机联系上，该司机告诉民警，他和另外一个轿车上过来的两人待在红岩车驾驶室里，暂时没有危险，他们附近应该没人了。司机的话，让岸上的人长舒一口气。此时，锦州园林管理处的冲锋舟及时赶到现场，洪水中的人有救了！

● 专家点评

在本案例中的遇险人员虽然最终是被民警和消防官兵的同志解救脱险，但是站在车顶向岸上挥手求救的学生和家长以及被湍急河水冲翻的轿车内的学生和家长从车中爬了出来，试图向岸边游的自救行为也为他们能够顺利脱险创造了机会。如你乘坐的汽车遭遇洪水，你应迅速摇起车窗，并打开所有的车灯，作为求救信号。请注意这是在你判断水位不会涨到没过你的汽车的情况下所采取的措施。但是如果水位上升了，车门打不开了，这时一定要保证车内的人在水面以上。当水漫到下巴的位置时，车外面的水压低一些。这时打开车门，深吸一口气游到水面上。如果还是打不开车门，就设法砸碎玻璃往外爬。逃生时，乘客可以互相牵扯，这样既不会关上门，又可以避免把人冲走。

●急救措施

突发性洪水导致的死亡中有相当一部分与车辆有关，因为司机几乎没有时间反应。如果洪水来临时，你正坐在车里，同时水位迅速上升，请注意，这是在你判断水位一定会涨过你的汽车的情况下，那么你要立刻冲出来，弃车逃到地势比较高的地方。千万别尝试在已经被洪水淹没的公路上行驶。如果你不小心开车到了一个被洪水淹没的地区，爬上你的车顶，大声呼叫救命。如果你看到某个人被冲到洪水里，千万别急于跳下去救他。应做的是扔给他一个能浮起来的东西，比如车座或塑料架，或任何能浮起来的比较大的东西。

●小贴士

被溺水者抓住时如何解脱？

溺水者往往神志不清、惊慌乱动，会死命抓住够得着的一切东西，包括援救者，因此应尽量采用救护器材进行救护，如救生圈、套杆、绳索、船只与木筏等。因为用器材救护既省力又安全，效果也好。在万不得已的情况下才可下水救人。一般游泳技术不高的人下水救人，往往力不从心，救人不成反而会赔上性命。

如决定下水救人，下水前要迅速脱掉衣服、鞋、袜，准确判断溺水者方位，如在江河岸边，要从溺水者斜上方入水，顺流而下，既省力又快捷。

施救者要从溺水者背后去接近溺水者，以免被对方突然抓住或抱住。具体方法是：当溺水者停留在水面时，游至距溺水者3~4米处，要急停、踩水、深吸气，稳定一下情绪，准确地从溺水者的身后接近。

把溺水者牢牢抓住，托出水面，叫溺水者镇定，大声安慰和鼓励他。拖运挣扎乱动的溺水者可采用侧泳抱溺水者上体拖运法或侧泳抓溺水者手臂拖运法。

尽量不要让溺水者缠上身来。如溺水者忽然转过身相缠，就必须立刻用仰泳迅速后退。退至溺水者抓不到处，把一块布、一条毛巾或一个救生圈扔过去，让溺水者抓住一头，自己抓住另一头拖他上岸。

下水救人虽然应尽力避免被溺水者抓住，但有时仍难免被抓住不放，此时必须采用合理的方法脱离溺水者，解脱动作既要迅速、突然，又要熟练。

溺水者都不愿意沉到水底去，而愿浮出水面多吸一口气，所以若被溺水者缠住而不能迅速解脱时，只能一同沉入水中，溺水者一憋气，就会自行松手。因此，解脱抓缠多在水下进行。

野外洪水暴发时避险自救

●现场点击

2000年8月13日晚8时，赵九成和他的同学们一行16人从深圳体育馆出发，去郊外游玩。14日下午2时30分，大家陆续地都到达了峡谷里的一个水潭边上。天黑之前，大家都找到了各自的露营地点并搭好了帐篷。晚上9时15分左右，天开始下雨，大家赶紧跑进帐篷里避雨。陈晓就近跑到了搭在水潭边上的赵九成帐篷里躲雨。大约7分钟以后，突然一声巨响，紧跟着狂风暴雨接踵而至。没过多久，山洪就冲了下来。一番混乱之后，大家都凑在一起清点人数，发现只少了陈晓一个人。赵九成说："当山洪突冲下来时，大浪一下子就冲翻了我的帐篷。当时我和陈晓太紧张了，一时找不到了帐篷的出口，我用牙和手撕开了帐篷，拉着陈晓就往外跑。这时一个大浪把我们打到了一个岩石的凹处，我原来是抓着陈晓的，但是这个大浪一下子把我们打散了。"这时一个男同学说："陈晓可能被冲到了河流的下游，我们往下游找找看吧！"赵九成说："我们现在的任务是赶紧往山顶转移，洪水不知什么时候又会爆发，现在我们不能再往下游走，这样做太冒险了。"于是，赵九成带领着其他的同学连夜爬到了山顶。到达山顶之后，大家发现手机有信号便打了110报警。但是由于天黑再加上狂风暴雨，警察到天亮才找到他们。赵九成在向警察说明情况之后，一路警察和赵九成沿河去搜寻陈晓，一路警察带着其他的同学下山。中午时分，赵九成和警察在水潭底找到了陈晓的遗体。

●专家点评

无论晴天或雨天，如果我们的露营地点附近有河流的话，营地一定要离开河流稍远一点或设立在比较高的地方。有些时候我们会被河流两旁的景色或平坦宽敞的平地所吸引，但是要记得，这些地方之所以会平坦宽敞，都是因为雨量多的时候河流增加了排水量所形成的，所以都不是扎营的首选。

赵九成和同学们犯得最大的一个错误就是，在对山中的天气情况不了解的情况下，贸然的在水潭边上搭建帐篷休息过夜，因为山里的气候变化多端，一旦遭遇暴雨，造成山洪暴发，水潭的水位猛涨，很快就会淹没帐篷，而且水潭边的地势较低，不利于山洪来时的自救逃生。但是赵九成在洪水来临之后，组织同学们往山顶逃的做法还是十分正确的。另外，洪水来临前，我们可以观察一些症兆。最强烈的征兆便是本来清澈的河流慢慢变得浑浊。其他的还包括大雨或河流上游方向的乌云密布，就算在下游的地方没有下雨，也会造成洪水的发生。河岸的水位慢慢升高，蚊虫，尤其是水蚊突然增加（因为它们的家园被升高的水位淹没了）也是必须注意的。当以上的征兆发生时，马上往高处转移，千万不要因为营帐已经扎好，以躲在营帐里避开雨水为理由而冒生命的危险。洪水和淹水不一样。洪水通常只是一瞬间或几个小时的事，淹水则可以长达好几个星期。所以，不要担心被洪水孤立，往高的地方爬肯定是最好的方法。

●急救措施

1.洪水到来时，一定要保持冷静，迅速判断周边环境，尽快向山上或较高地方转移，比如离得较近的山坡、高地、楼房、避洪台等，或者立即爬上屋顶、楼房高层、大树、高墙等地方暂避；如一时躲避不了，应选择一个相对安全的地方避洪。

2.如洪水继续上涨，暂避的地方已难自保，则要充分利用救生器材逃生，或者迅速找一些门板、桌椅、木床、大块的泡沫塑料等能漂浮的材料扎成筏逃生。

3.如果已被洪水包围，要设法尽快与当地政府防汛部门取得联系，报告自己的方位和险情，积极寻求救援。最好不要游泳逃生，不可攀爬带电的电线杆、铁塔，也不要爬到泥坯房的屋顶。

4.如已被卷入洪水中，一定要尽可能抓住固定的或能漂浮的东西，寻找机会逃生。

5.发现高压线铁塔倾斜或者电线断头下垂时，一定要迅速远避，防止直接触电或因地面"跨步电压"触电。

另外，山洪暴发时，不要沿着行洪道方向跑，而要向两侧快速躲避，千万不要轻易涉水过河。

遭遇台风避险逃生自救

● 现场点击

当刘封和父母到达越南中部城市岘港附近的古镇惠安时，原本风和日丽的天气突然改变了模样，狂风大作，远处海水开始呼啸，波浪无规则地拍打着刚才还人声鼎沸的海滩。雨并不大，但是来得及，路旁的树木在风雨中飘摇，手中的雨伞被吹得改变了形状，走起路来步履维艰，刘封他们顶着风雨好不容易走到了宾馆，一心只盼望着台风能早点过去。

到了晚上，台风并没有过境，反而变得更加肆虐。刘封他们住在海边家庭宾馆的三层（最顶层），起初刘封还有猎奇之喜，还有心情透过窗户看看外面的风雨，用相机和摄像机记录这难得一见的"奇观"，但随着时间推移，雨势加大，电闪雷鸣，狂风像魔鬼一样改变了原来低沉的调子变成了呼啸，刘封的爸爸赶紧把门和窗子关得紧紧的，但这丝毫阻挡不了台风嚣张的气焰。雨似瓢泼，一眼望去整个小镇被灰蒙蒙的雨幕遮盖；风失去了控制，以摧枯拉朽之势卷着尘沙和碎石，扫荡着路上的一切，耳畔不时传来街上树木、电线杆、广告牌断裂轰然倒下的声音，突然最悲惨的事情发生了，夜空中一道闪电过后，万家灯火变成了一片漆黑，全城都停电了。

在折磨和恐惧中熬过了一夜，刘封一家终于盼到了天亮，但风雨没有丝毫减弱的迹象，他们要面对的最大困难又变成了食物危机。因为没有电同时排水系统不畅造成积水严重，原来喧闹的小镇家家闭户，饮水和吃饭都成了大问题，饿了两顿的刘封一家实在挺不住了，听说附近某个便利店还在营业，刘封和他爸爸只好蹚着水试试运气。路上的水深有半人多高，人们划着船，有的甚至漂浮在浴缸上。刘封和爸爸走在路上，开始是蹚水，后来水越来越深，刘封想游泳继续前行被他爸爸阻止了，无奈他们只能原路返回。就在此时越南人民军和当地搜救队的几艘救生船驶到了宾馆楼下，刘封一家终于获救了。

●专家点评

台风来临前要密切关注台风动向，注意收听、收看有关媒体的报道或通过气象咨询电话、电视、气象网站等了解台风的最新情况。气象台根据台风可能产生的影响，在预报时采用"消息"、"警报"和"紧急警报"三种形式向社会发布。同时，按台风可能造成的影响程度，从轻到重向社会发布蓝、黄、橙、红四色台风预警信号，公众应根据预报及时采取预防措施。台风来临时应检查门窗是否关紧，钉牢松脱的门窗，若有可能请在门窗背后加上横闩。另外，不要在迎风窗口附近活动，将贵重物品搬离迎风的窗口。小刘把门和窗子关紧的做法是正确的。台风可能造成停水停电，要及时做好日常生活的储备工作。检查线路，准备手电、蜡烛，储存饮水，以防断电停水，多备一两日食物蔬菜，非必要时不要外出。小刘所住的宾馆显然在这方面准备不足。另外，小刘游泳出去寻找食物的做法也是很危险的。

●急救措施

台风来临前，公众要做好充分的准备，如准备所需的食物、净水、药品、应急灯以及有关的生活必需品等。台风会吹落高空物品，易造成砸伤砸死事故。因此，在台风来临之前要固定好花盆、空调室外机、雨篷、建筑工地上的零星物品等，以确保安全。台风来临的时候，要检查自己的准备措施是否完善，以及居住区域是否安全，要听从当地政府和有关部门的安排，不要在有危险的范围内活动。如果被通知撤离，要立即执行，以确保人身的安全。刮大风时尽量不要外出，若不得不外出，一定要着装醒目，弯腰慢步，尽可能抓住栏杆等固定物，过桥或行走于高处时弯腰慢行；在街道上行走时要特别注意高处坠落物体，千万不要在危旧住房、工棚、临时建筑、脚手架、电线杆、树木、广告牌、铁塔等容易造成伤亡的地点避风避雨。路上看到有电线被吹断，掉在地上，千万别用手触摸。尤其是下雨天，积水极易导电，也不能靠近，马上拨打电力热线95598，通知电力抢修人员。

泥石流避险逃生自救

● 现场点击

连续5天的滂沱大雨在某省境内引发多次泥石流，造成近百间房屋被毁，失踪者多达100余人。但是一所学校的3名女教师将40名校车上的学生从绝地中带了出来。很难想象孱弱的她们，是如何带着这样一个庞大的团队逃出来的。

"快往公路边的平坝跑……"三名女教师声嘶力竭地吼叫着。在经历了暴雨导致的第一次泥石流之后，她们按下紧张、恐惧的情绪，开始努力将校车上的学生聚拢，指导他们向相对安全的地段转移。有的学生耐不住了，如受惊的兔子，想往回来时的路上冲。教师刘某拦住了他们，指着后方被泥石流掩埋的两辆小轿车，告诉学生，后方到处是泥石流，不明情况乱闯不是明智之举。但是留在原地，意味着要度过一个动荡的夜晚。相对于白天，未知的夜晚更让人惊疑难定。经过勘察，她们发现旁边一座小山上有块平地，可以稍做歇息。"山下必须有人驻守，晚上也得有人守夜，以防意外情况发生时能第一时间反应。于是一名教师带领学生们上山避雨，我们两个留在山下驻守。"留在山下是一项非常危险的决定，如果泥石流袭来，两名女教师将首先被掩埋，但是在提到这段经历时，她们却觉得理所当然。"我们从汽车上的收音机上了解到，我们并不是孤立无援的，外界已经派人进行营救。因此必须有人留在山下，不能因所有人都上山而错过营救队伍。"刘某说："我们也很害怕，一整夜都紧张得睡不着。但我们是老师，有责任照顾学生，夜晚必须有人巡夜。"最终，他们等到了搜救人员。

● 专家点评

泥石流是指在山区或者其他沟谷深堑、地形险峻的地区，因为暴雨暴雪或其他自然灾害引发的携带有大量泥沙以及石块的特殊洪流。泥石流具有突然性以及流速快，流量大，物质容量大和破坏力强等特点。发生泥石流常常会冲毁公路铁路等交通设施甚至村镇等，造成巨大损失。

●专家提醒

第一，在沟谷内逗留或活动时，一旦遭遇大雨、暴雨，要迅速转移到安全的高地，不要在低洼的谷底或陡峻的山坡下躲避、停留。留心周围环境，坡度较陡或坡体成孤立山嘴或凹形陡坡、坡体上有明显的裂缝、坡体前部存在临空空间或有崩塌物，这说明曾经发生过滑坡或崩塌，今后还可能再次发生；警惕远处传来的土石崩落、洪水咆哮等异常声响，特别是河流突然断流或水势突然加大，并夹有较多柴草、树木，深谷或沟内传来类似火车的轰鸣或闷雷般的声音，沟谷深处突然变得昏暗，还有轻微震动感，这很可能是即将发生泥石流的征兆。如果看到有石头、泥块频频飞落，向某一方向冲来，表示附近可能有泥石流袭来；如果响声越来越大，泥块、石头等已明显可见，提示泥石流就要流到，要立即弃丢重物，尽快逃生。

第二，发现泥石流袭来时，要马上向沟岸两侧高处跑，千万不要顺沟方向往上游或下游跑。泥石流的面积一般不会很宽，如警惕性强在逃避时就能相对主动，可根据现场地形，向高处逃避。不要上树躲避，因泥石流可扫除沿途一切障碍；避开河（沟）道弯曲的凹岸或地方狭小高度又低的凸岸；不要躲在陡峻山体下，防止坡面泥石流或崩塌的发生。

第三，暴雨停止后，不要急于返回沟内住地，应等待一段时间。因为泥石流常滞后于降雨暴发。

●急救措施

如何救治在泥石流中受伤的人员？

泥石流对人的伤害主要是泥浆使人窒息。将压埋在泥浆或倒塌建筑物中的伤员救出后，应立即清除口、鼻、咽喉内的泥土及痰、血等，排除体内的污水。昏迷的伤员，应将其平卧，头后仰，将舌头牵出，尽量保持呼吸道的畅通，如有外伤应采取止血、包扎、固定等方法处理，具体措施如下：

1.对伤员的出血伤口应迅速止血，如似喷射状，则动脉破损，应在伤口上方即伤口近心端，找到动脉血管（一条或多条），用手或手掌把血管压住，即可止血。如果伤员属四肢受伤亦可在伤口上端用绳布带等捆扎，松紧程度视出血状态控制，每隔1~2小时松开一次进行观测并确定后续处理措施。

2.伤员伤口的包扎：找到伤口，迅速检查伤情，如有酒精或碘酒棉球，应将伤口周围皮肤消毒后，用干净的毛巾、布条等将伤口包扎好。

3.对骨折的伤员，应进行临时的固定，如没有夹板，可用木棍、树枝代替。固定要领是尽量减少对伤员的搬动，肢体与夹板间要垫平，夹板长度要超过上下两关节，并固定绑好，留指尖或趾尖暴露在外。对严重的外伤伤员的治疗，在紧急处理的同时，应迅速求得医务人员的帮助，并尽快护送至医院。

● 小贴士

野外宿营如何躲避泥石流

野外扎营时，要选择平整的高地作为营址，尽量避开有滚石和大量堆积物的山坡或山谷、沟底。同时，在山区扎营，不要选在谷底泄洪的通道，河道弯曲、会合处等。假如必须经过可能发生泥石流的地段时，要听当地的有关预报。切忌在危岩附近停留，不能在凹形陡坡危岩突出的地方避雨、休息和穿行，不能攀登危岩。

山体滑坡避险逃生自救

● 现场点击

巨大的山体突然坍塌，伴随着轰隆隆的响声，两幢建筑顷刻间被覆盖。持续3天的某县山体滑坡灾害搜救工作已经全部结束，这场突如其来的灾难最终导致3人死亡和12人受伤。

吴庆是灾害中的一名幸存者，他讲述了山体滑坡的惊魂一刻："晚上5点半左右，我放学去工厂找爸爸，爸爸还没有下班，让我先到屋里看会电视。"吴庆说："就在看电视的时候，忽然听到屋外有异常的响声，我跑到屋子外面看，就看到有碗大的石块和沙土往下掉。我见势不妙，回头大喊，快跑，山要垮了！然后也马上拔腿就跑，顺着楼房门口的公路往高处狂奔。只听到身后轰隆隆的巨响，感觉山崩了朝自己压过来，也不敢回头看，只顾使劲逃命。"

回忆起惊魂一刻，吴庆仍然心有余悸，他一口气跑出七八十米，感觉应该安全了才停下来。这时回头一看，办公楼已经被彻底摧毁，山上的石头还在往下滚。

目前，发生山体滑坡的区域已被封锁，山体滑坡原因可能是近日大雨所致。

● 专家点评

斜坡上的岩土体由于各种原因在重力作用下沿一定的软弱面（或软弱带）整体地向下滑动的现象叫滑坡。尽管山体滑坡是偶然发生的地质灾害，但在本案例中，如果房屋选址科学恰当，如果隐患排查更加严密，如果避灾意识更加强烈，灾害造成的损失不会如此惨重。我们也许不能阻止灾害发生，但完全能够把灾害损失降到最低。

● 急救措施

每年春季融雪期是山体滑坡最易发生的时期，一场大雨过后或正处在连续阴雨天气中，以及各类建筑施工和地震期间尤其要注意。所以我们野营时要避开陡峭的悬崖和沟壑，避开植被稀少的山坡和非常潮湿的山坡。因为这些地方是滑坡可能发生的地区。但是当你不幸遭遇山体滑坡时，也不要慌张，要沉着冷静，采取必要措施迅速撤离到安全地点。

崩滑时要朝垂直于滚石前进的方向跑。在确保安全的情况下，离原居住处越近越好，交通、水、电越方便越好。切忌在逃离时朝着滑坡方向跑。更不要不知所措，随滑坡滚动。

千万不要将避灾场地选择在滑坡的上坡或下坡。也不要未经全面考察，从一个危险区跑到另一个危险区。

跑不出去时应躲在坚实的障碍物下或蹲在地坎、地沟里。注意保护好头部，可利用身边的衣物裹住头部。

立刻将灾害发生的情况报告相关政府部门或单位。及时报告对减轻灾害损失非常重要。

滑坡停止后，不应立刻回家检查情况。因为滑坡会连续发生，贸然回家，可能遭到第二次滑坡的侵害。只有当滑坡已经过去，并且自家的房屋远离滑坡，确认完好安全后，方可进入。

● 小贴士

注意发现滑坡前兆

1.山坡上出现裂缝：滑坡裂缝是滑坡形成过程中的一种重要伴生现

象。在滑坡体中部或前部出现横向及纵向放射状裂纹，标志滑坡体已进入临滑状态。随着滑坡的发展，滑坡裂缝会由少变多、由断续变为连贯。对于土质滑坡，张开的裂缝延伸方向常与斜坡延伸方向平行，弧形特征明显；弧形张开裂缝和水平扭动裂缝圈闭的范围，就是可能发生滑坡的范围。

2.大滑坡之前，滑坡体前沿坡脚处土体出现上隆（凸起）现象。临滑之前，滑坡体四周岩体（土体）会出现小型坍塌和松动现象。另外，滑坡体后缘的裂缝急剧扩展，并从裂缝中冒出热气或冷风也是滑坡前兆。

3.斜坡上建筑物变形：斜坡变形程度不大时，在土质地面和耕地中往往不易发现变形迹象，相比之下，房屋、地坪、道路、水渠等人工构筑物却对变形较敏感。因此，当各种构筑物相继发生变形特别是变形构筑物在空间展布上具有一定规律性时，应将之视为可能发生滑坡的前兆。

4.泉水井水异常变化：滑坡发展过程中，由于岩层、土层位置的变化，也会引起地下水水质和水量动态的变化。大滑坡发生前，会出现断流多年的泉水"复活"的情况，也可能出现泉、井水突然干涸、井（或钻孔）水位突变等异常现象。

5.地下发出异常声响：大滑坡之前，有岩石开裂或被剪切挤压的声音。滑坡发展过程中造成的地下岩层剪断，巨大石块间的相互挤压和摩擦，都可能发出一些特殊的响声。

6.注意家禽、家畜的异常反应。因为动物对声音的感觉要比人的感觉更灵敏，往往能在人类之前更早感知危险的临近。如动物惊恐异常，出现猪、狗、牛等家畜惊恐不宁、不入睡，老鼠乱窜不进洞等现象。

雪崩避险逃生自救

●现场点击

滑雪游客王刚遭遇雪崩被埋15个小时后奇迹般幸存，仅仅体温偏低，没受重伤。而一般来说，遭遇雪崩者很难撑过1个小时。

王刚现年18岁，在一所高中念书。现在正值寒假，他在一座不知名的雪坡上滑雪时，遭遇雪崩被压在雪下，9日下午5点被报失踪。警方出动警犬前往事发地搜救，但基于安全考虑，不得不在夜间中断了搜寻。10日上午，盘旋在附近的直升机发现雪堆下有异常情况，立即报告，结果救援人员在半米深的雪中将这名被埋的滑雪者救出。

王刚十分幸运，没有受重伤，已被送往医院治疗。"发生雪崩时，我拼命向山坡两边跑，但是还是给冲下了山坡，我没有放弃，尽力让自己浮在流雪上面，逃向雪流的边缘。"王刚说："我被埋后，半米深的雪堆中有一个小孔，可以让我呼吸到外界的空气。"

警方发言人说，"我们以前从未遇到过这种情况"，"遭遇雪崩后一般45分钟之内就很难存活了"。"他是一个非常幸运的人。"

● 专家点评

王刚在雪崩发生的生死关头，有效地进行躲避，选择正确的方式，使自己尽可能地逃生。同学们只有掌握了安全保护自己的方法，才能像王刚一样做一个幸运的人。

● 急救措施

山坡积雪下滑时，有时像一堆尚未凝固的水泥般缓缓流动，偶尔会被障碍物挡住去路；有时大量积雪急滑或崩泻，挟着强大气流冲下山坡，形成板状雪崩。

1.不论发生哪一种情况，必须马上远离雪崩的路线。

首先判断当时形势。遇到雪崩时，切勿向山下跑，雪崩的速度可达每小时200千米，向下跑反而危险，可能被冰雪埋住。要向山坡两边跑，或者跑到地势较高的地方才较为安全，这样，可以避开雪崩。抛弃身上所有笨重物件，如背包、滑雪板、滑雪杖等。带着这些物件，倘若陷在雪中，活动起来更加困难。切勿滑雪逃生。不过，如处于雪崩路线的边缘，则可疾驰逃出险境。

2.如果无法逃离雪崩的路线，切记闭口屏息，以免冰雪涌入咽喉和肺部引致窒息。还有气浪的冲击比雪团本身的打击更可怕。

在积雪破裂使你跌倒之前，应尽快以45度角向下侧方逃离雪崩板块。如果跌倒、翻滚，要抓住山坡旁任何稳固的东西，如树干或者矗立的岩石之类。即使有一阵子陷入其中，但冰雪终究会泻完，那时便可脱险了。如果被冲下山坡，要尽力爬上雪堆表面，同时以俯泳、仰泳或狗爬式尽力保持浮在流雪上面，逃向雪流的边缘。逆流而上时，除了要用双手挡开石头和冰块，一定要设法爬上雪堆表面。当流雪开始减速时，清理自己眼前的呼吸通道，努力把一只手伸出雪面，保持镇定。记住，压住你的冰雪越少，你逃生的机会越大。

3.如果被雪埋住，一定要奋力破雪而出。

遭遇雪崩并被雪埋没时，最好是平躺，用爬行姿势在雪崩面的底部活动。丢掉包裹、雪橇、手杖或者其他累赘，覆盖住口、鼻部分以避免把雪吞下。休息时尽可能在身边造一个大的洞穴。在雪凝固前，试着到达表面。因为雪崩停止数分钟后，碎雪就会凝成硬块，手脚活动困难，逃生难度更大。如果雪堆很大，一时出不去，就双手抱头，尽量造成最大的呼吸空间，让口中的口水流出，确定自己是否倒置，然后往上方破雪自救。如果冲不出去，就尽量别动，放慢呼吸，节省氧气，争取在雪堆中多活一些时间，等待救援人员到来。

● 小贴士

在雪地活动的注意事项

1.在山区滑雪或远足时，应经常收听电台天气报告。如天气突然转坏就要取消或缩短预定行程，免生危险。

2.大雪后，切勿冒险上山。连续下几场雪后，上层积雪不稳固，仅一人之重加于其上，甚至一声呼喊，也足以触发雪崩。

3.天气忽冷忽暖，或者春天开始融雪时，得格外留神。

4.注意雪崩的先兆，例如冰雪破裂声或低沉的轰鸣，雪球下滚或仰望山上见有云状的灰白尘埃。

5.单人可以安全越过的山坡，并不一定安全。应继续一个接一个地走过，直至所有人都安全通过。

6.在高山作长途滑雪或远足，应该由专业向导陪同，并必须按照预定时间表行动。这样，倘若未依时到达目的地，有关方面可迅速采取救援行动。

7.滑雪或远足的人应该携带以下装备，万一遇上雪崩，有助于逃生。

雪崩信号器：一种轻巧方便的电子仪器，能发出信号，使拯救人员立刻找到埋在雪堆里的人。雪崩逃生绳：尼龙细绳，约长18~30米，在雪地特别显眼。攀越险坡时，把绳子一端绑在腰间，另一端拖在身体后面。有时绳上每隔一段有一段箭状金属片，以显示人埋在哪里及被埋的深度。

沙尘暴防护自救

●现场点击

锡林浩特是沙尘暴多发地区，2001年的春天，还在上中学的小东同学就在他的家乡锡林浩特遭遇到了一场恐怖的沙尘暴。当天小东所在的班级晚自习，到了快下课放学的时间，外面刮起了沙尘暴，大家都盼望着能因此不上课而早点回家。不过晚自习还是照常上了，晚自习刚开始不久天就已经很黑了，路上虽然有路灯可还是一片黄色。在教室里正好可以看到一个电厂的变电器，伴随着一声巨响，有红色、蓝色的光就闪了一下，就停电了。小东和同学们高兴得不得了，因为不用上课，却不知道后来的事才真是恐怖。

宣布不上课以后，小东和同学们开始回各自的家。这才发现，如果不是对学校很熟悉的话，根本找不到学校的门在哪里。因为没有电，所以根本没路灯，小东由最开始凭着直觉到最后扶着墙走，腿被磕得青一块紫一块。因为有很多人家门口放着石头，由于看不到，所以就撞上去了。可以说，小东能回到家，完全是摸回去的。出租车也看不到路，打车非常困难。

第二天早晨，小东找前一天换下来的外套时没找到，问家里的大人才得知，角落里那一大块抹布就是，上面裹着厚厚的一层土，里外都分不清了。

事后小东得知，在那场沙尘暴中，有一些人在离家几十步远的地方迷了路，就再也没回到家。有些人只是出门给羊添下料，就找不到自家的门了。

●专家点评

沙尘暴形成的原因主要由地质条件、气候因素和社会原因构成。在我国，沙尘暴主要产生于西北部高原及高原盆地，由于那里的土壤表面被风化，从而导致了干旱与极干旱的地质条件。这些沙尘源区裸露的地表、疏松的土壤以及退化的草场，在强劲干燥的西北季风作用下，很容易被吹动，并将沿着风的方向影响到其他地区。而人类不合理的开垦、放牧以及工业生产排放的大量温室气体，导致土地、草场沙化，自然界生态系统遭到严重破坏，则是沙尘暴频发的人为原因。小东所在的锡林浩特市正是处于我国的西北地区，当地沙尘暴灾害很严重。

沙尘暴天气给人们的生产生活会造成极大的危害，小东的经历就说明了这一点。首先沙尘暴爆发时极难辨别方向，直接危及人、畜生命安全，导致人畜伤亡，强沙尘暴的水平能见度小于200米。从小东的经历看，当时的能见度应该不超过10米。第二，导致供电系统损坏，使得工厂断电、停产。第三，大风引起火灾发生，烧毁各种生产设备和设施以及民宅等。第四，影响交通线路的正常运行，造成铁路、公路和航空运输停运，引发交通事故。第五，刮倒刮断树木，毁坏农业大棚、动物棚圈，吹毁农作物，掩埋农田。第六，严重危害人体健康。

● 急救措施

1.在家中如何防止沙尘暴侵害

第一，关闭好门窗，并将门窗的缝隙用胶带封好。外出回家后，将灰尘抖落干净，落下的灰尘及时擦拭。

第二，老人、孩子及病人要尽量待在家里，不要外出。

第三，屋里能见度低时，应及时照明，以免发生碰撞事故。

第四，准备好口罩、风镜等防尘物品，以备急需。

第五，教育儿童在沙尘天气注意交通安全。

2.沙尘暴来临时外出应如何防护

第一，外出前，戴好防护眼镜及口罩，或用纱巾罩在面部，并将衣领和袖口系好。

第二，行走在马路上要注意观察交通情况。能见度低时，骑车者应下车推行。

第三，远离危房、危墙、护栏、广告牌匾及高大树木。尽量避开各类施工工地。

3.在农村遭遇沙尘天气应采取什么措施

第一，保护好水源，若使用水井、泉水等地下水要加防护盖。关闭家中门窗，并精密封堵门窗缝隙。

第二，加固蔬菜大棚和动物棚圈，保护好灌渠。

第三，牛、羊等动物要尽可能集中在一起，并采取严密的防护措施。

4.在野外如何躲避沙尘暴

第一，尽快就近蹲在背风沙的矮墙处，或趴在相对高坡的背风处，用手抓住牢固的物体。

第二，用衣服蒙住头部，平神屏气，减少肺部吸进沙尘，避免风沙侵入身体。

第三，不要贸然行走，以免在沙幕墙中迷路。也不要在沟渠中行走，以免被吹落水中。

暴风雪中的生存自救

● 现场点击

暴风雪中的夜晚显得格外黑暗，探照灯、手电光的照射距离不到5米，加上北风呼呼的撕裂声，任何呼喊声都无济于事。卷起飞雪不断打在救援官兵的脸上，官兵们没有一个感到疼痛，仔细搜索着每一个"雪窝子"、"雪塄子"，不放过一丝能够找到被困学生的蛛丝马迹。功夫不负有心人，张鸿浩找到了！疲惫的官兵们突然间都振奋起来。救援官兵把张鸿浩扶起来，所幸的是，他还活着！

在为张鸿浩感到庆幸的同时，大家都十分吃惊：张鸿浩在雪地中被困十几个小时，为什么还能生还呢？事后，张鸿浩告诉我们，他一直躲在了自己挖开的雪坑里。暴风雪袭来时，他正走在回家的路上，然而大雪掩埋了山里的路，迷失方向的张鸿浩按照老人曾说过的办法，在地下挖了一个坑蹲了进去。据说这样可以保暖。

经过救援人员近8个小时的寻找，张鸿浩终于被成功找到。午饭前，他被武警官兵们平安送回家中。焦急的老母亲也终于露出了笑容。

● 专家点评

在寒冷削弱你的求生意志之前，你必须立刻寻找避身场所。聪明的张鸿浩在关键的时刻，就是用这个简单的办法争取了武警官兵们营救他的时间，保住了自己的生命。

●急救措施

1. 如在雪地上因暴风雪或天色昏暗而暂时无法前行，可掘一个雪洞藏身。

2. 尽可能利用现成雪洞。例如，积雪的树枝可能不需花气力就是很好的藏身地方。否则，就在雪堆中掘洞。洞深1.5~2米为佳。

3. 找到合适雪堆后，在旁边做一个显眼的记号使救援人员易于看到。在雪堆底部往里面掘一条约长60厘米的小隧道，然后挖一个可让人坐到里面的洞。如果超过三个人，一个洞可能并不足够；但越多人在一起越好，既能增加温度，也可彼此照应。

4. 没有铲子或冰斧，可就地取材，用平锅或树枝来挖洞，光用手是不行的。

5. 用树枝在雪堆顶上戳一个通风口。不时用树枝捅一下通风口，以防给雪堵住。

6. 可以在洞内挖出一个高台作长凳，凳上铺以带叶树枝。

7. 在脚前掘个坑。冷空气会往下沉，坑穴收集冷空气，使身体尽量保持温暖。

8. 留在雪洞内，把口封住，待天亮或风雪停了才出去。

9. 除非有睡袋和塑料维生袋，否则在雪洞里不要睡着。疲倦时可以唱唱歌，讲讲故事，总之尽量让自己保持清醒。

10. 如有蜡烛，应点起来取暖，这样也可使人精神振作。

●小贴士

当缺乏适当的保暖设备，或长期暴露在气候恶劣的低温环境下，特别是精疲力竭、衣物潮湿的情况下时，会产生体温下降的生理反应。当体温降到摄氏35度以下时，人体即已进入失温状态。失温的症状有：感觉含糊不清、肌肉不受意志控制、反应迟钝、性情改变或失去理性、脉搏减缓、失去意识等。寒冷引起的这些后果是很危险的。那么，低温症该如何急救？

1. 患重低温症的病人应当做急救处理。如果病人正在变得僵硬，或者丧失意识，表现出诸如意识不清、发音含糊或严重丧失协调性等特征，要立即送病人去有加温医疗设备之处，或者通过无线电寻求救援。

2. 一般情况下，因为低温症的复杂性，要让医用的加温装备来处置低温症患者。但是，在旅程中，一般无法迅速得到医疗救助。在这种情况下，要温暖地包住病人，送往安全之处。尽可能地在运送病人的过程中保持动作轻柔，猛烈碰撞病人可能导致心脏停止。

3.脱去湿的衣物。将病人放置到干燥的睡袋中，使病人产生热量。病人需要一个温和的热量来源，比如另一个人的身体。或把热敷袋放到病人的脖子、腋窝、两侧、胸部和腹股沟，盖住头部。通过嘴对嘴的人工呼吸暖和病人的肺。

4.不要加热、摩擦或刺激严重低温症病人的四肢。这可能导致体表冰冷的、停滞的血液流到身体核心部位，造成心脏搏动停止。热的饮料也是危险的，因为它们会使温暖的血液带离身体重要器官。使身体核心温度升上一度，几乎需要近3加仑热饮料。

5.当用加温装置使严重低温症病人复温时，需要警惕几种情况。一种是体温后降，因为身体被加温后，肢体的冷血会回到身体核心部位，造成核心部位体温降低1~2摄氏度。另一种是酸毒症，因为低温下肢体细胞新陈代谢放慢而产生的酸性废物，会回到心脏，可能会导致复温休克。体温下降和酸毒症都可能引起心脏骤停。

6.在难以区别严重低温症和心搏停止的情况下，旁观者可以尝试进行心肺复苏术。但是，对于严重的低温症病人来说，胸部按压或者任何其他的粗暴处理，都应转化为缓慢的、低速的心脏按压，类似于对待心脏病发作的一种方式。在开始进行心脏复苏术后，观察病人身体的动静或者呼吸，感受颈部的脉搏（在脖子气管的旁边）满一分钟。

注意事项：切记不可给患者喝酒，亦不可擦拭或按摩患者四肢，也不可鼓励患者做运动。

海啸避险逃生自救

●现场点击

去年夏天，刚参加完高考的王宏和他的母亲，还有他的同学三人一起去泰国普济岛度假。由于去得晚，海滩上的前几排躺椅早已客满，所以他们只能选择后面的。他的母亲躺在躺椅上一边晒太阳一边吃香蕉。忽然就看见海水像退潮那样的一直向后退去。王宏的母亲和他同学跟着人群边走边捡那些因为海水退去而露在了沙滩上的很多鱼虾。他们想这真是几千年难遇的奇观。落在后面的王宏大喊："不要过去！"但不知是他妈妈和他的同学走得太远了没有听见还是他们觉得本来就不会有什么危险，他妈妈和他的同学还是继续跟着人群往前走，王宏赶紧在后面追了上去，大概走了200多米，前面的泰国人突然大喊："Go back，Go back！"于是人群就向回跑。王宏看见一个大浪向自己卷来，一下子就把自己吞没了，他的身体开始在海水里不停的翻滚，然后就被幸运的冲到了一个小胡同里——海水没办法把他再卷走。他死死地抱住一棵树，但是一根手骨已经完全被撞断。海浪平息后，他蹚水找到了他的朋友，也紧紧抱着一棵树——腿骨断了。然后王宏找到了自己的妈妈，她也正抱着一棵树——只是那串香蕉没了。

● 专家点评

海啸是一种具有强大破坏力的海浪。海啸在外海时，因为水深，波浪起伏较小，一般不被注意。当它到达岸边浅水区时，巨大的能量使波浪骤然增高，形成十多米甚至更高的一堵堵水墙，排山倒海般冲向陆地。其力量之大，能彻底摧毁岸边的建筑，所到之处满目疮痍、一片狼藉，对人类的生活构成重大威胁。万幸的是王宏他们遇到的海啸较小，再加上海浪来临时，他们都迅速抱住了大树，所以他们才得以脱险。这就提醒我们，海啸前海水异常退去时往往会把鱼虾等许多海生动物留在浅滩，场面蔚为壮观，此时千万不要前去捡鱼或看热闹，应当迅速离开海岸，向内陆高处转移。一旦海浪袭来，应抓牢固定物以免被海浪卷走。

● 急救措施

1.海底地震、火山爆发或地层塌陷和海底滑坡等大地活动都可能引起大海啸。地震发生时，海底地层发生断裂，部分地层出现猛然上升或者下沉，由此造成从海底到海面的整个水层发生剧烈"抖动"。地震引起的海水"抖动"是从海底到海面整个水体的波动，其能量巨大。地震海啸发生的最早信号是地面强烈震动，地震波与海啸的到达有一个时间差，正好有利于人们预防。地震是海啸的"排头兵"，如果感觉到较强的震动，就不要靠近海边、江河的入海口。如果听到有关附近地震的报告，要做好防海啸的准备，要记住，海啸有时会在地震发生几小时后到达离震源上千公里远的地方。

2.海啸来临之前一般动物都会出现一些异常反应：比如天气炎热鱼却浮上水面；清澈井水突然变浑浊；蚂蚁往高处搬家；老鼠成群出洞，且反应缓慢、不怕人等。如观察到这些现象，应事先做好准备。

3.如果收到海啸警报，没有感觉到震动也需要立即离开海岸，快速到高地等安全处避难。通过收音机或电视等掌握信息，在没有解除海啸注意或警报之前，勿靠近海岸。海岸线附近有不少坚固的高层饭店，如果海啸到来时来不及转移到高地，可以暂时到这些建筑的高层躲避。海边低矮的房屋往往经受不住海啸冲击，所以不要在听到警报后躲入此类建筑物。

4.万一不幸被海浪卷入海中，千万要保持冷静。关键要确信自己一定能够活下去。尽量用手向四处抓，最好能抓住漂浮物，但不要乱挣扎，以免浪费体力。人尽量放松，努力使自己漂浮在海面。要尽量使自己的鼻子露出水面或者改用嘴呼吸。漂浮在水面上后，要马上向岸边移动。但是海洋一望无际，该如何判断哪边是靠近岸边呢？注意观察漂浮物，漂浮物越密集表示离岸越近，漂浮物越稀疏说明离岸越远。

火山爆发逃生自救

●现场点击

暑假期间，张平和家人去美国旅行，他们乘坐的轮船航行在平静的太平洋洋面上，巨轮经过一夜的航行，张平也和家人在船舱里闷了一宿。第二天一早，张平就迫不及待地爬出船舱，跳到甲板上去欣赏美丽的大海的景色。这时候轮船驶到了一个太平洋中的不知名的小岛旁边。张平刚刚来到甲板上，还没有看一眼海景，就听见不知从何处传来震耳欲聋的爆炸声，船舱里的旅客也被这爆炸声吸引，纷纷跑出房间，想看个究竟。此时爆炸一声比一声大，紧接着，一条巨大的火龙从对面小岛上冲天而起，笔直地喷向晴朗的天空。一瞬间，无数的石雨，大量的熔岩和黑烟喷向几百米的高空，太阳一下子消失了，天空被烟尘所遮蔽，人们一下子被黑暗所包围。紧接着，数以千计巨大的石块砸向轮船。一股炽热的气浪，夹杂着毒气扑面而来，一时还没反应过来的旅客们眼睁着一个一个倒在甲板上。张平见状，一蹲身迅速地钻进了离他仅两米远的甲板上的全钢制的小桌子下面，同时张平也不管冷不冷了，马上脱下上衣，把嘴和鼻子堵住，等这一波石雨过去之后，张平爬出桌子，以最快的速度冲进船舱，找到他的爸爸、妈妈。他们还惊魂未定，就听船上的广播响了，"轮船遭遇到了火山爆发，即将沉没，请乘客们穿上救生衣，在工作人员的引导下……"，广播中断了。张平一家三口打开他们的房门，又随着人流上了甲板，此时石雨已经没有了，但是空中还是弥漫着厚厚的浓烟，张平比划着让父母也像他一样用衣服掩住口鼻，在工作人员的带领下，通过舷梯下到小船上。他们刚上到小船上没有半分钟，轮船就沉没了。张平一家和小船上的其他乘客拼命地划桨想冲出烟雾，但是直到他们筋疲力尽也没有成功，他们只能在茫茫的太平洋上随波漂流，大概过了能有四五个小时，在他们就要绝望的时候，一艘经过的商船把他们救了。

● 专家点评

不论是休眠火山还是活火山，都有可能随时喷发。火山爆发时，一团团的火山灰把天空遮蔽得黑沉沉的，石块从高空飞坠，熔岩冲下山坡；火山口和火山侧的裂缝喷出大量毒气。火山喷发是巨大的灾祸，非人力所能挽回。但是，在这样的巨大灾难面前，人们还是能够采取一些必要的措施，把损失降到最低的。张平一家所乘坐的轮船遭遇到了火山爆发，张平钻进甲板上的全钢制的小桌子下面躲避，同时脱下上衣，掩住嘴和鼻子，等一波石雨过去之后，爬出桌子，以最快的速度冲进船舱，这一系列做法就为他能够成功逃生创造了机会。

● 急救措施

1.如果身处火山区，一旦察觉到火山喷发的先兆，应该立刻离开。火山一旦喷发，人群慌乱，交通中断，到时离开就困难多了。驾车逃离时要记住，火山灰可使路面打滑。不要走峡谷路线，它可能会变成火山岩浆经过的道路。如果火山喷发，更要马上离开，使用任何可用的交通工具。火山灰越积越厚，车轮陷住就无法行驶，这时就要放弃汽车，迅速向大路奔跑，离开灾区。

2.逃离时穿上厚衣服，保护身体，更要注意保护头部，以免遭飞坠的石块击伤。最好戴上硬帽或头盔，如建筑工人使用的坚硬的头盔、摩托车手头盔或骑马者头盔都可以，即使把塞了报纸的帽子戴在头上，也有保护作用。戴上护目镜、通气管面罩或滑雪镜能保护眼睛，但不是太阳镜。用一块湿布护住嘴和鼻子，如果可能，用工业防毒面具是最好的。到庇护所后，脱去衣服，彻底洗净暴露在外的皮肤，用干净水冲洗眼睛。

3.因火山爆发而形成的气体和灰球体可以以超过每小时160千米的速度滚下山。如果附近没有坚实的地下建筑物，唯一的存活机会就是跳入水中，屏住呼吸半分钟左右，球状物就会滚过去。

4.如火山在一次喷发后平静下来，仍需赶紧逃离灾区，因为火山可能再度喷发，威力会更猛。

遭遇龙卷风时防护自救

●现场点击

暑假张晓晶的父母带他到美国的印第安纳州游玩。张晓晶他们刚到美国的第一个晚上就遭遇到了强雷雨天气，外面的闪电不断。张晓晶一直在weather.com上面关注天气。雷雨一开始的时候就给了一个"龙卷风预警"，大约9点20分的时候，张晓晶又到weather.com刷新了一下，看到警戒级别已经由"龙卷风预警"升级到"龙卷风警报"了，也就是说，一个龙卷风已经形成并且正在向他们居住的区域移动。张晓晶愣了一下神，刺耳的龙卷风警报就响了。张晓晶的爸爸说："快！马上收拾东西！"张晓晶马上把他和爸爸妈妈的护照等重要的证件从旅行箱中拿出来。（张晓晶是个极有条理的人，平时都把这些东西放一起的），接着张晓晶爸爸又把他们带来的笔记本电脑和一些稍大一点儿的重要东西全部移到空间较小的卫生间，然后拔掉了所有电源插头，张晓晶拎了一桶他们早上买的以备紧急之需的纯净水，就下楼直奔地下室了。地下室里面已经有好几个这个家庭旅馆的客人了。大家都显得蛮轻松，两个女孩子还带了啤酒来喝。有的人聊天，有的人看自己带来的书，有的人给家人朋友打电话，让他们帮忙查看天气的最新进展。在10点15分的时候，警报解除（龙卷风已消失或者远去），他们就都上楼回房间了。再上网一看，龙卷风预警还在，也就是说，还是要提高警惕，随时准备应对另一个龙卷风过境。

●专家点评

龙卷风常发生于夏季的雷雨天气时，尤以下午至傍晚最为多见。袭击范围小，龙卷风的直径一般在十几米到数百米之间。龙卷风的生存时间一般只有几分钟，最长也不超过数小时。风力特别大。破坏力极强，龙卷风经过的地方，常会发生拔起大树、掀翻车辆、摧毁建筑物等现象，有时把人吸走，危害十分严重。龙卷风里的风速究竟有多大？人们还无法测定，因为任何风速计都经受不住它的摧毁。一般情况，风速可能在每秒50~150米，极端情况下，甚至达到每秒300米或超过声速。超声速的风能，可产生无穷的威力。听到龙卷风警报的时候，应该及时躲避。远离门、窗和房屋的外围墙壁，躲到与龙卷风方向相反的墙壁或小房间内抱头蹲下。躲避龙卷风最安全的地方是地下室或半地下室。所以说，张晓晶和他父母的做法是十分正确的。

●急救措施

当云层下面出现乌黑的滚轴状云，当云底见到有漏斗云伸下来时，龙卷风就有可能出现。龙卷风从正面袭来时，有一种沉闷的呼啸声，由远而近。如果听到这种声音，应马上采取紧急措施。千万不可因为龙卷风开始移动的速度不快，就掉以轻心。最安全的位置是躲在地下或半地下的掩蔽处。地下室、防空洞、涵洞以及既不会被风卷走又不遭水淹，也不会被东西堵住的高楼最底层是躲避龙卷风的最佳处。建筑物的底层、底层走廊、地下部位也是安全的。在田野空旷处遇到龙卷风时，可选择沟渠、河床等低洼处卧倒。不要到礼堂、仓库、临时建筑这类空旷场所躲避。具体讲，如果你身处公共场所应听从应急机构的统一指挥，有序进入安全躲避场所。在学校、医院、工厂或购物中心，要到最接近地面的室内房间或大堂躲避，远离周围环境中有玻璃或有宽屋顶的地方。如果你在家中应迅速撤退到地下室或地窖中，或到房间内最接近地面的那一层屋内，并面向墙壁抱头蹲下。尽可能用厚外衣或毛毯将自己裹起，用以躲避可能四散飞来的碎片。跨度小的房间要比大房间安全。不要匆忙逃出室外，尽量在屋内寻找安全地带。如果你在户外，你应迅速向龙卷风前进的相反或垂直方向躲避。就近寻找低洼处伏于地面，最好用手抓紧小而不易移动的物体，如小树、灌木或深埋地下的木桩。远离户外广告牌、大地、线杆、围墙、活动房屋、危房等可能倒塌的物体，避免被砸、压。用手或衣物护好头部，以防被空中坠物击中。不要在龙卷风前进的东南方向迎风躲避，这样极易遭到伤害。如果你身处汽车之中应当机立断，立即弃车奔到公路旁的低洼处，不要试图开车躲避。不要躲在车里，也不要躲在车旁。因为汽车内外强烈的气压很容易使汽车爆炸，而且风暴有可能会将汽车掀上半空。

第二部分 生活意外

被宠物咬伤自救

● 现场点击

丽丽家养了一只大乌龟，丽丽非常喜欢，把它当成家中的一分子。一天晚上，她抱着乌龟躺在床上看电视时，见它的嘴巴一张一合的，非常有趣，忍不住亲了它一口，谁知乌龟竟一口咬住了她的鼻子，还死不松口，疼得她当场翻滚下床。

李鸣在给家中宠物小兔子喂菜叶时，调皮地去拽兔子口中的菜叶，没想到兔子突然松开菜叶，在他的手指上咬了一口，留下了4个齿痕。

据统计，医院接受被动物咬伤的病例中，七成人是被自家的宠物咬伤，部位多为面部和四肢。

● 专家提醒

随着天气回暖，有的动物的性情会变得很急躁，特别是许多哺乳动物提早进入发情期，当受到外界强烈刺激时，就会突然攻击人类。除了猫狗以外，乌龟、兔子等动物咬伤也有感染狂犬病的可能，原因是患有狂犬病的狗死后，尸体中的病毒可能散布到自然环境中，或者病犬曾咬过、舔过其他动物的食物，不排除那些动物也成为病毒的传播媒介。所以一旦被小动物抓伤、咬伤，一定要到卫生防疫部门注射人用狂犬疫苗。

据了解，一些人被抓咬后，身上只留有牙印或爪痕，以为没伤口就没问题而置之不理。其实，只要有牙印、爪痕就意味着有肉眼看不到的皮肤损伤，狂犬病毒很可能从伤口侵入。而狂犬病毒进入人的血液后，潜伏期短则几天，长则达30年，一旦发作就会危及生命。面对严峻的现实，人们提高自身防范意识刻不容缓。如果家里养了宠物，一定要在专业医生的指导下及早注射狂犬疫苗，以防患于未然。

●急救措施

被宠物咬伤后正确及时地处理伤口，是防治狂犬病的第一道防线，可以大大减少发病的危险。

首先，若伤口流血，只要不是流血太多，就不要急着止血，因为流出的血液可将伤口残留的疯狗唾液冲走，自然可起到一定的消毒作用。

其次，用清水冲洗，冲洗有助于减少伤口的病毒残留量；狂犬病病毒对肥皂水、75%的酒精、碘制剂等比较敏感，因此，用肥皂水彻底冲洗伤口和消毒可以大大降低暴露者感染的风险。只要未伤及大血管，一般无需包扎或缝合。

最后，尽快注射狂犬疫苗。被动物咬伤后应尽早注射狂犬疫苗，越早越好。首次注射疫苗的最佳时间是被咬伤后的48小时内。具体时间是，在咬伤后的当天、3、7、14、30天各接种一次，对于严重咬伤者在90天时需再加种一次。对那些咬伤广泛尤其是被咬伤头颈部、手指、脚部等神经丰富的部分的人，还须在伤口周围局部注射抗狂犬病免疫血清或抗狂犬病免疫球蛋白以阻止病毒蔓延。如果因诸多因素而未能及时注射疫苗，应本着"早注射比迟注射好，迟注射比不注射好"的原则使用狂犬疫苗。

错误的处理方法：用嘴去吸伤口处的污血；用万花油涂抹伤口；用皮炎平等药膏涂抹伤口。

特别提醒：在注射疫苗期间，应注意不要饮酒、喝浓茶、咖啡；亦不要吃有刺激性的食物，诸如辣椒、葱、大蒜等等；同时要避免受凉、剧烈运动或过度疲劳，防止感冒。

●小贴士

如果懂得如何与猫狗打交道，提高自身防护意识，被咬伤的事情基本可以避免。

首先，和猫狗打交道，要避免做任何突然性动作。因为即使是出于善意，也会使它们感觉受到威胁，发起攻击。因为小狗对比它们体型高大的东西有恐惧感，所以要慢慢的蹲下来，它就觉得你很喜欢它，和它平起平坐。做动作时放慢速度，让它看清楚。

其次，路上的小狗朝你狂叫示威时，不要和它的目光直接接触。因为这时和它对视，可能会通过目光传递出错误信息，造成误解。当然也不要急于后退或逃跑，一退一逃，动物就追，这是它的本能。人一般跑不过动物，反而更容易遭到攻击。慢慢蹲下也是一个好办法，特别是在遇到小狗时，因为下蹲降低了高度，消除了对小狗的威胁，它就会放弃攻击。

避开凶狗也是防身妙策。狗的个头，不一定代表它的攻击性。一般而言，大型狗中，藏獒、杜宾、高加索比较好斗、攻击性强，黑背居中，而大白熊、拉布拉多、金毛、斑点狗等一般较为温顺。相反，小型狗不一定更安全，吉娃娃、博美都比较容易咬人，要格外注意。此外，眼神凶悍的狗，伤人的可能性也更大，要小心防范。

被蜂群攻击自救

●现场点击

刘小毛与两个同学一起到附近的树林里玩，当时，三人并未注意到身后2米外的一棵树上，挂着个脸盆大小的马蜂窝。

"可能是我们相互打闹的时候碰到了挂着马蜂窝的树干，我突然感觉头皮被什么东西叮了，痛得钻心，回头一看，我的妈呀，一大群马蜂黑压压地朝我们扑过来了。"回忆当时被马蜂袭击的经过，刘小毛声音颤抖，显得很害怕。

当时，三个人都还算镇定，立即脱下衣服盖住头部，并且保持原地不动。

大约10分钟之后，马蜂逐渐飞走了，王小毛这才发现头晕，迈不开步子。随后，他被另外两人送到附近的医疗所，打了一针预防针后便回了家。

其后几天，王小毛感到越来越不舒服。他的身体肿了一圈，头发也不停地掉，也无法小便。

父母马上带他去医院检查。诊断结果让大家吓了一大跳：毒素导致了肾功能衰竭。

●专家提醒

被马蜂蜇伤后，情况较严重的话一定要及时治疗，否则有可能导致肝、肾脏功能衰竭；假如蜂毒进入血管，会发生过敏性休克，以致死亡。

在野外山间行走如何防蜂呢？

1.到野外登山郊游时，避免经过没人走的草径、草丛，这些区域可能是毒蜂筑巢之所。山岩及树枝上也要随时留心观察。有些蜜蜂是栖息在树枝上的。此外垃圾堆、花圃区也是蜜蜂经常出没的地方，切记。

2.阴雨天气蜂类多在巢内而不外出，因巢内拥挤容易被激怒而蜇人，所以在山区行走时要特别小心，每年9~11月雨季中登山郊游，须特别注意蜜蜂危害。

3.登山最好穿戴表面光滑及浅色衣帽，避免深色、毛织品或表面粗糙的衣帽。裤子能够最好扎到靴子里。

4.假如走到草深及膝，一面是悬崖的单行山路上，带头的领队要特别小心，因为地形险恶是毒蜂肇祸的好场所。如果发现了毒蜂，最好的办法是绕道而行。

5.发现有蜂在附近盘旋，就要注意它的动向，此时要停下不动，如有后续蜂飞来表示你已接近蜂巢地区，应立即向相反方向轻轻移动，千万不可打扰它。如果用手拍打，虽然毒蜂可能被赶走，但是后来的人也许就会成为受害者。

●急救措施

1.遭受蜂群攻击时，首先要保护头部，用衣服将头部遮蔽，远远逃离蜂群势力范围。

2.被毒蜂蜇伤部位，其毒针会留在皮肤内，必须用消毒针将叮在肉内的断刺剔出，须小心不要把蜂针尾端毒囊弄破免得毒液被挤入体内加重伤害，被毒蜂蜇伤后，往患处涂氨水基本无效，因为蜂毒的组织用氨水是中和不了的。黄蜂有毒，但蜜蜂没有毒。被蜜蜂蜇伤后，也要先剔出断刺。与黄蜂不同的是，可在伤口涂些氨水、小苏打水或肥皂水。最后可用冷水浸透毛巾敷在伤处，减轻肿痛。

3.万一发生休克，在通知急救中心或去医院的途中，要注意保持呼吸畅通，并进行人工呼吸、心脏按压等急救处理。

●**小链接**

一只蜜蜂酿吐一公斤的蜜，要用上33 333个工作小时，吮吸3 333朵花蕊。

要酿出500克蜂蜜，工蜂需要来回飞行37 000次去发现并采集花蜜，带回蜂房。

蜜蜂的翅膀每秒可扇动200~400次。

蜜蜂飞行的最高时速是40公里。当它满载而归时，飞行时速为20~24公里。

一个蜂巢平均有5万个蜂房，居住着35 000只忙碌的蜜蜂。

一只蜜蜂毛茸茸的身体上能粘住5~75万粒花粉。

一汤匙蜂蜜可以为蜜蜂环绕地球飞行一圈提供足够的能量。

夏季工蜂的寿命是38天，冬季它们的寿命是6个月。

蜂王的寿命一般是4~5年。

借助5只复眼和3只单眼，蜜蜂的视角几乎可以达到360度。

被困电梯自救

●**现场点击**

"五一"长假前一天，省实验中学的阿林在学校做完值日后去爸爸单位，此时单位大厅无人，值班室的爷爷也不在。阿林的爸爸办公室在四楼，阿林乘电梯到三楼的时候电梯突然停了下来。原来，单位五一长假的前一天提前下班，此时大楼已空无一人，电工违反规程拉闸停电。漆黑的电梯里没有一丝光亮，阿林大喊一阵可无人理会，不管阿林在电梯里怎么折腾根本无人听见，一个小时过去了，阿林觉得精疲力竭，但他还是不停地喊叫，他的嗓子几乎说不出话来。阿林的父母以为他今天还上晚自习，并不知道他此时的处境，而因为平时要求比较严格，也从不让阿林带手机上学。五一长假一放就是七天，电梯里又极度闷热。如果等到放假之后，后果不堪设想。就这样阿林在外界和他无法联系的情况下，被困在了电梯里。在这些不利因素下，阿林决定细心听外面动静，企盼着有人上楼或看门老爷爷早晨清扫时发求救信号。拿什么发信号呢？他从学校出来，身上只有书包。情急之中，阿林想到了铁皮文具盒。次日凌晨5时许，阿林细听像有人拎水桶拖地的声音，急忙用文具盒敲打电梯的钢板处，击打出了鼓点的频率来，这时在三楼拖地的看门的爷爷觉得奇怪，但没相信电梯里会有人，老爷爷走进四楼时还有这个鼓点的击打，老爷爷断定楼梯里有人，马上跑下楼去报告保卫科值班员。20分钟后，单位的领导、保卫干部、消防人员、电工等人赶到，消防人员向电梯喊话，并静静地听，有嘶哑的回音，单位领导决定立即启动电梯，阿林得救。

●专家点评

阿林是非常有头脑的孩子，关键时能用智慧寻求生存，保持镇静想办法，用击打的鼓点的频率报警引起看门老爷爷的注意实属聪明，假如他喊叫不出又没有节律的乱打很可能让人忽略他的报警。阿林在关键时候果断决定用铁皮文具盒。他选择的报警时间也极为准确。

●专家提醒

如果外面没有受过训练的救援人员在场，千万不要自行爬电梯。绝大多数伤亡事故都是因错误的逃生方式导致的。

1.不要尝试强行推开电梯内门，即使能打开，也未必够得着外门，想要打开外门安全脱身当然更不行。电梯外壁的油垢还可以使人滑倒。

2.电梯天花板若有紧急出口，也不要爬出去。出口板一旦打开，安全开关就会使电梯刹住不动。但如果出口板意外关上，电梯就可能突然开动令人失去平衡，在漆黑的电梯槽里，可能被电梯的缆索绊倒，或因踩到油垢滑倒，从电梯顶上掉下去。

●急救措施

1.假如被困电梯后，首先要保持镇静，并安慰自己或困在一起的人，向大家解释不会有危险，因为电梯槽有防坠安全装置，会牢牢夹住电梯两旁的钢轨，安全装置一般也不会失灵。

2.乘客被困之后，最好的方法就是按下电梯内部的紧急呼叫按钮，这个按钮一般会跟值班室或者是监视中心连接；如果呼叫有回应，你要做的就是等待救援。轿厢内有换气孔，不会产生窒息，国家有规定维修人员应在30分钟内赶到现场。还可以用随身移动电话拨打轿厢内操纵盘上公示的报修电话，告知故障电梯位置和现场状况。

3.如不能立刻找到电梯技工，可请外面的人打电话叫消防员。消防员通常会把电梯绞到最接近的一层楼，然后打开门。就算停电，消防员也能用手动器控制电梯。

4.如无警钟或对讲机，手机又失灵时，可拍门叫喊，用鞋子拍门更响一点，主要目的就是把求救的信息告知外界。

5.如果暂时没有动静，被困乘客最好保持体力，间歇性地拍门，尤其是听到外面有了响声再拍。在救援者尚未到来期间，宜冷静观察，耐心等待。

●小贴士

电梯下坠时保护自己的最佳动作：

第一，不论有几层楼，赶快把每一层楼的按键都按下。当紧急电源启动时，电梯可以马上停止继续下坠。

第二，如果电梯里有手把，一只手紧握手把。这样能固定你所在的位子，以防因为重心不稳而摔伤。

第三，整个背部跟头部紧贴电梯内墙，呈一条直线，运用电梯墙壁作为脊椎的防护。

第四、膝盖呈弯曲姿势。因为电梯下坠时，你不会知道它会何时着地，且坠落时很可能会全身骨折而死。而韧带是人体唯一富含弹性的一个组织，所以借用膝盖弯曲来承受重击压力，比骨头来承受压力来的大。

被蛇咬伤自救

●现场点击

昨日上午，高二学生小明接受了记者的采访。"我在床上睡觉，结果一条毒蛇把我咬伤了。"小明说话非常吃力，提起自己几天前夜里的遭遇，仍心有余悸。

小明家在四川山区，屋后就是一片山头。他回忆说，他和弟弟在一张床上熟睡，半夜11点左右，熟睡中的小明突然觉得右脸被什么刺痛了。"是那种特别疼的感觉，打开灯一看，一条蛇从床上滑了下去，我记得是一条红色的蛇。"小明说，剧烈的疼痛一直持续，不久就感觉脸部肿胀、发麻，手一摸发现已肿得很高。小明估计中蛇毒了，吓得赶紧叫妈妈。

小明母亲说，她听到喊声马上跑过来，看到小明的右脸有一个血口，半边脸和脖子已经肿了，她马上带小明去了市内一家医院。

目前，小明需要住院治疗，慢慢将毒液排出。

●专家点评

咬伤小明的蛇，毒性不是致命的，否则小明被咬后未采取任何急救措施，很可能就没命了。

●急救措施

1.患者应保持镇静，切勿惊慌、奔跑，以免加速毒液吸收和扩散。

2.绑扎伤肢：立即用止血带或橡胶带在肢体被咬伤的上方扎紧结扎。如果现场没有止血带，可以用鞋带或撕衣服做布条等。结扎不要太紧也不要太松，以阻断淋巴和静脉回流为准。结扎要迅速，在咬伤后2～5分钟内完成。每15～30分钟放松1～2分钟，以免肢体因血循环受阻而坏死。急救处理结束后，可以解除结扎。一般不要超过2小时。

3.扩创排毒：缠扎止血带后，如果伤口内有毒牙残留，应迅速用小刀等其他尖锐物挑出，然后用消毒过的小刀划破两个牙痕间的皮肤切开成十字型，可用手指直接在咬伤处挤出毒液，在紧急情况时可用口吸吮（口应无破损或龋齿，以免吸吮者中毒），边吸边吐，再以清水、盐水或酒漱口。也可用手指不断挤压20～30分钟，这样可使毒液外流。

4.蛇药：为中草药制成的成药，可供口服和外敷，亦有针剂。其中蛇药、蛇伤解毒片及注射液、蛇药酒等，对多种毒蛇的咬伤有显著的解毒作用。这些药物在旅行前应选购备用。

5.在安静的状态下，将病人迅速护送到医院。

●专家提醒

在野外怎么样防蛇？

1.在蛇区行走时，扎好裤脚（更不能穿短裤），穿好鞋袜（不要穿凉鞋）。

2.在草丛中行走时，手里拿一根棍棒，边走边打草，起到打草惊蛇的作用。

3.夜行应持手电筒照明。

4.野外露营时应将附近的长草、泥洞、石穴内清除干净，以防蛇类躲藏。

5.关好帐篷门。

6.常备蛇药，以防万一！

7.遇见毒蛇，应远道绕行。若被蛇追逐时，应向山坡跑，或向左向右地转弯跑，切勿直跑或直向下坡跑。

8一定要先包扎，后排毒。

9尽量避免直接以口吸出毒液，因为如果口腔内有伤口（溃疡、龋齿）可能引起中毒。

● 小贴士

如何判断是否被毒蛇咬伤

从外表看，无毒蛇的头部呈椭圆形，尾部细长，体表花纹多不明显，如火赤练蛇、乌风蛇等，毒蛇的头部呈三角形，一般头大颈细，尾短而突然变细，表皮花纹比较鲜艳，如五步蛇、蝮蛇、竹叶青、眼镜蛇、金环蛇、银环蛇等（但眼镜蛇、银环蛇的头部不呈三角形）；从伤口看，由于毒蛇都有毒牙，伤口上会留有两颗毒牙的大牙印，而无毒蛇留下的伤口是一排整齐的牙印。

● 小链接

蛇岛

我国辽宁半岛西侧的渤海湾中有一小岛，岛上栖息着数以万计的蝮蛇、银环蛇、五步蛇等蛇类。岛上的泥洞中、岩石上、树枝上到处是蛇，堪称为蛇的世界。

蛇城

意大利的哥苗洛市，人称蛇城。城里家家户户都养蛇。每年要举行一次蛇节。届时人们将自己家养的蛇放出来，让大家观赏。蛇满街爬行，路人看到若无其事，有的人手里还拿着几条蛇，以示对蛇节的祝贺。平时，儿童总把蛇作玩具，新婚夫妇则把蛇当作珍贵的新婚礼物。

蛇庙

马来西亚槟城有一座蛇王庙，人们将蛇作为神灵祭奠。蛇王庙内树枝上、供桌旁、香炉边到处游动着大大小小的蛇，香客们用鸡蛋或猪肉等食物喂它。我国福建的闽东和闽西一些地方也有蛇庙，乡民们每月都要去念佛烧香。

蛇渡

在非洲加纳沃尔特河的毕索渡口，人们依靠一条经渡口主人驯养的雪花大蟒过河。行人来此渡河时，渡口主人就将牵引绳的一端系在蟒蛇的身上，另一端则系在用树木钉成的方形渡架的铁环上，让蟒蛇拖着渡架游向河的对岸。据说，这种力气不凡的蟒渡，载重量可达1吨左右，并且很安全平稳。

蛇杖

加拿大北部，冬天严寒异常，蛇被冻成了一根根竹杖。这里的居民往往用它来当竹杖，代替竹、木杖。有的居民还用蛇杖编成篱笆，别具一格。春天暖和时，蛇苏醒后，篱笆也就自然消失了。

蛇灯

非洲几内亚海湾中有一小岛，岛里的居民用"蛇灯"来照明。所谓蛇灯，即用当地的一种"库加沙"的蛇，去内脏风干后，再用棉纱穿过蛇身，这样就可像蜡烛一样点燃。由于蛇体脂肪多，一条蛇足足可点二三个晚上。

城市迷路自救

● 现场点击

昨日，3名小孩去外婆家游玩时迷路，在烈日下晒了近5个小时，最后向民警求救联系到家长。

这3名学生是三姐弟，最大的郝某上高一，早上从市区到市郊的外婆家玩。没想到他们在路上游玩时迷了路，因为外婆家刚搬了新家，问路不明，结果在烈日下暴晒近5个小时。

就在她们快中暑时，看到派出所民警。民警将他们接到派出所，问明外婆家大致区域后，想方设法与三姐弟的外婆取得联系。焦急的外婆在派出所看到3个心肝宝贝，悬着的心终于放下来。

●专家点评

郝某姐弟三人如果短时间内找不到去外婆家的路，应该马上寻找民警求助，如果这样的话，也不用在烈日下暴晒一下午。同学们独自外出到陌生的城市，可能会忘记或辨认不清来时的方向和路线而无法返回；和家人、同学等一起出行，也可能发生走失而迷路的情况，那么掌握一些外出时迷路的处理方法就很重要了。

●急救措施

迷路怎么办？

1平时应当注意准确地记下自己家所处的地区、街道、门牌号码、电话号码及父母的工作单位名称、地址、电话号码等，以便需要联系时能够及时联系。

2.向人询问。可以根据路标、路牌和公共汽（电）车的站牌辨认方向和路线，还可以向交通民警或治安巡逻民警求助。要注意使用礼貌用语，如"请问"、"谢谢"、"打扰您一下"等等，让对方乐意帮助你。问路要尽量使用普通话，让对方听懂你的意思。

3.打电话。如果你要去的地方有联系电话，你可以用手机或公用电话给你要去的那个地方打电话询问。如果在异地身无分文，也没有可以联系的亲人朋友，可以先找公用电话亭和店主说明情况打电话报警，然后等待。

4.也可直接打车去最近的警察局。注意要向民警清晰准确地表达出你现在的处境。

5.迷失方向后，要沉着镇静，开动脑筋想办法，不要瞎闯乱跑，以免造成体力的过度消耗和意外。

6.记住不要轻易相信陌生人，尤其是过于热情的陌生人。

●小贴士

随团旅游走失怎么办？

1.首先在原地或是导游约定的地点等候。切忌自作主张回到下车的原地，除非肯定领队说过会在原地上车。

2.如果脱离队伍已有一段距离，而你知道团队下一站地址，可电话联络领队，再乘计程车马上赶去。

3.如果地址不在身边，又不记得所住的酒店和领队的电话，那打电话回家，让亲友和旅行社取得联系，从而尽快得知领队的联系方式及团队下一个目的地。

4.到警察局或当地旅游观光部门请求援助。如忘记了酒店名称，尽可能地仔细回想并描述酒店及其周围建筑特征，不要轻易相信陌生人。

为了防止这种事情发生，随团出游时要仔细阅读出团通知、注意事项以及紧急联系人电话，并将紧急联系电话随身携带。每到一站一定要记下所住酒店地址、电话、领队、导游房号、旅游车牌号、司机联系电话等。或是到酒店前台要一张酒店的地址卡片。

触电自救

● 现场点击

刘晔家换了一套三居室的新房，这天放学后，刘晔和爸爸妈妈一起布置新居，准备将一张全家福挂在墙上以美化居室。于是，刘晔的爸爸在墙上用电钻钻了两个洞，第一个膨胀螺丝也打得较顺利，没想到打第二个时突然尖叫一声就倒在地上失去了知觉。站在旁边的刘晔立即想到可能是触电，赶紧拉下电闸开关，接着携护爸爸至通风处，几分钟后刘晔的爸爸苏醒了过来。

● 专家点评

人体本身就是良好的导电体，电流通过人体就可造成触电。触电对人体损害的严重程度主要取决于电压、电流强度、电流种类等因素。电压越高，穿透皮肤的能力越强，对人体的损害就越大，如0.02~0.025安培的电流可使人肌肉抽筋，0.05安培可使人感到呼吸困难，0.1安培的电流则可严重影响心脏的功能。交流电对人的危害是直流电的3倍。另外，触电时间越长，对人的危害就越重。小刘的爸爸属于损伤轻者，仅有头昏、心悸、软弱、局部发麻等现象，加上小刘采取了正确的处理方法，才使这场事故有惊无险。

● 专家提醒

触电的危害如此大，我们在日常生活中遇到这样的情况，又应该怎么做呢？

有人计算，如果从触电算起，5分钟内赶到现场抢救，则抢救成功率可达60%，超过15分钟才抢救，则多数触电者死亡。因此，触电发生时，对受伤者的急救应分秒必争。发生呼吸、心跳停止的病人，病情都非常危重，这时应一面进行抢救，一面紧急联系，就近送病人去医院进一步治疗；在转送病人去医院途中，抢救工作不能中断。

首先要关掉电闸，切断电源，然后施救。如触电发生在家中，可采取迅速拔去电源插座、关闭电源开关、拉开电源总闸的办法切断电流。如果在野外郊游、施工时因碰触被刮断在地的电线而触电，可用木柄干燥的大刀、斧头、铁锹等斩断电线，中断电流。如果人的躯体因触及下垂的电线被击倒，电线与躯体连接下很紧密，附近又无法找到电源开关，救助者可站在干燥的木板或塑料等绝缘物上，用干燥的木棒、扁担、竹竿、手杖等绝缘物将接触人身体的电线挑开。触电者的手部如果与电线连接紧密，无法挑开，可用大的干燥木棒将触电者拨离触电处。如挑不开电线或其他致触电的带电电器，应用干的绳子套住触电者拖离，使其脱离电流。救援者最好戴上橡皮手套，穿橡胶运动鞋等。未切断电源之前，抢救者切忌用自己的手直接去拉触电者，这样自己也会立即触电而伤，再有人拉这位触电者也会同样触电，因人体是导体，极易传电。

当伤员脱离电源后，应立即检查伤员全身情况，特别是呼吸和心跳，发现呼吸、心跳停止时，应立即就地抢救。对于轻症患者即神志清醒、呼吸心跳均自主者，伤员就地平卧，严密观察，暂时不要站立或走动，防止继发休克或心衰。对于呼吸停止、心搏存在者，就地平卧解松衣扣，通畅气道，立即进行口对口人工呼吸。对于心搏停止、呼吸存在者，应立即做胸外心脏按压。呼吸心跳均停止者，则应在人工呼吸的同时施行胸外心脏按压，以建立呼吸和循环，恢复全身器官的氧供应。

在处理电击伤时，应注意有无其他损伤。比如有时触电后伤者会被弹离电源几米远，甚至自高空跌下，常并发颅脑外伤、血气胸、内脏破裂、四肢和骨盆骨折等。此外，现场抢救中，不要随意移动伤员，若确需移动时，抢救中断时间不应超过30秒。对电灼伤的伤口或创面不要用油膏或不干净的敷料包敷，应用干净的敷料包扎，或送医院后待医生处理。

●小贴士

怎么样预防触电？

其实，触电的很多情况是可以避免的，我们应学一点有关电的知识，以防患于未然。

首先，家庭人员应正确用电。在更换熔断丝、拆修电器或移动电器设备时必须切断电源，不要冒险带电操作。使用电吹风、电熨斗、电炉等家用电器时，人不能离开。电器设备冒烟或闻到异味时，应迅速切断电源并及时检修。

其次，牢记安全用电。购买合格电器产品，接地用电器具的金属外壳要做到接地保护，不随意将三眼插座改成两眼插座，不用湿手湿布擦带电的灯头、开关的插座等。电视机室外天线安装应牢固可靠，注意接地。

第三，要懂一点避雷常识。打雷下雨时不要在树林里或山坡大树下躲雨；当雷雨交加时，不要在孤立的高楼、烟囱、电杆附近行走，不在江湖里游泳或划船；打雷时不要接近金属物体如自来水管、煤气管和铁器等。

另外，闪电时应及时关闭收音机、电视机和电脑。

患了冻疮自救

●现场点击

某次在门诊中，医生接诊了一位由妈妈陪同来的女学生，这位女生正是长筒靴的忠实 fans，整整穿了一个冬天的长筒靴，结果脚部由于长期受到压迫，血液循环极差，等到医院就诊时，脚趾上的冻疮甚至已经开始破皮了，又痒又痛。为了治好她的脚趾，医生给她下了死命令，穿上柔软保暖的平底棉鞋。该女生的妈妈后悔的说，"都怪我，我怕她的腿冷，整个冬天都让她穿靴子，没有想到穿长筒靴反而容易得冻疮"。

● 专家点评

冻疮在气温10℃以下的湿冷环境中就容易发生，而且最让人烦恼的是，得了冻疮后，每年冬季都易复发。相比较而言，儿童、少年更易发生冻疮，青壮年次之，老年人很少发生。同时女性比同龄男子更易生冻疮，这是因为女性对寒冷的适应性差，皮肤对寒冷的抵抗力低。另外体质弱以及血液循环状况不好，患心脏疾病、血管疾病和末梢血液循环机能差的人，局部皮肤对寒冷的适应性、耐受性和抵抗力差的人都易生冻疮。在潮湿环境中，寒冷的影响和危害会明显加重，人体局部血管的收缩与舒张功能更易被破坏，冻疮便更易于形成。此外，衣服窄小、营养不良及疲劳过度等也易发生冻疮。

● 专家提醒

如何治疗冻疮？

冻疮在一般的低温，如零上3～5℃，和潮湿的环境中即可发生。因此，不仅我国的北方地区，而且在华东、华中地区也较常见。冻疮常在不知不觉中发生，部位多在耳廓、手、足等处。表现为局部发红或发紫、肿胀、发痒或刺痛，有些可起水泡，尔后发生糜烂或结痂。

患了冻疮，首先要加强保暖。若冻疮仅为硬结，未破溃时，可用热酒精擦洗。若已破溃，则可用红霉素软膏、猪油蜂蜜软膏涂擦且包扎，促进其早日愈合。疮多或者大者，可用注射器抽出液体，再涂药。

如何预防冻疮？

1.平时加强体育锻炼，增强体质，以提高耐寒能力。

2.营养不良、贫血及具有冻疮历史者应加强营养，提高机体对寒冷的适应性。

3.入冬注意保暖，衣服宜宽畅温暖，外出时要戴耳罩或围巾等。

4.皮肤应保持干燥，避免长久接触寒冷潮湿。

5.鞋袜不宜过紧，应宽大保暖，勤洗勤晒，保持干燥。

6.常进行局部按摩及温水浴，改善血液循环。

7.冬天稍微吃点辣椒可以增加血液循环；吃点羊肉，狗肉等暖身的食物让身体暖和起来。

8.冻疮和血液循环有密切的关系。为了预防冻疮的发生，除注意保暖外，还应经常揉搓按摩手、脚和耳朵，坚持用冷水洗手、洗脸。

●小贴士

民间治疗冻疮小偏方

1.辣椒

将辣椒放入白酒中密封浸泡一星期后，涂冻疮患处能消炎、镇痛、去痒。

2.生姜

用新鲜的生姜片涂搽常发冻疮的皮肤，连搽数天，可防止冻疮再生；若冻疮已生，可用鲜姜汁加热熬成糊状，待凉后涂冻疮患处，每日两次，连涂三天，就会见效。

3.萝卜

将萝卜切片，用电炉或炭火等热源烘软，贴在冻疮患处，继续烘烤，距离与热度感觉舒适为度，过不了几分钟冻疮处有发痒的感觉直至肿痛消失。

酒精中毒自救

●现场点击

李俊今年19岁，他接到大学的入学通知书后，约上3个要好高中同学，一起到一家酒店庆祝。吃饭时每人面前摆了一小瓶白酒，说这是每人必须完成的"任务"。酒桌上，四人有说有笑，一边聊天一边互相敬酒。喝完规定的一瓶后，李俊和同学感觉没有尽兴，于是，四人又要了几瓶啤酒。不知喝到什么时候，李俊感到头昏脑胀，可禁不住同学的怂恿，去厕所小解了一下又继续和同学"把酒言欢"。这顿饭一直吃到凌晨1点，李俊终于支撑不住，倒在包厢里的沙发上。其中一位同学见叫不醒他，赶紧拨打了120。医生赶到后，发现李俊呼吸急促，已经没有了知觉，赶紧将他送往医院救治，经检查，李俊为深度酒精中毒。医生说，酒精中毒者很难自救，饮酒应当适量。

●专家提醒

酒精的化学名称叫乙醇，对中枢神经系统先兴奋后抑制。严重时，可引起呼吸中枢的抑制甚至麻痹，而且对肝脏也有毒性。一旦酒醉，先出现兴奋现象：红光满面、爱说话、语无伦次、行走不稳以致摔倒，呕吐、昏睡、颜面苍白、血压下降，最后陷入昏迷，现场如无他人，病人很难自救，极易因缺氧、呼吸循环衰竭而亡。患胃十二指肠溃疡、胃炎、肝炎、高血压、冠心病等疾病及对酒精敏感的人，都不应饮酒。

● 急救措施

逢年过节，亲友相聚，偶尔小饮，未尝不可。但狂饮大醉，发生了急性酒精中毒，那就得不偿失，简直是自寻痛苦了。醉酒后，对中度以上酒精中毒的病人，应尽快送往医院，进行洗胃、输液等治疗，如果抢救及时，一般不会留后遗症。对轻度酒精中毒者，应迅速采取解酒措施，减轻酒精对机体的伤害。

● 小贴士

解酒的措施：

1.使醉酒者安静睡下，冬天可松开衣服，并盖上毛毯保温。头部用毛巾冷敷。

2.尽快催吐，将患者脸侧向一边，可用筷子刺激咽部催吐，减轻酒精对胃黏膜的刺激。

3.稳定后，可让患者喝少量的水（不可一口喝下，会使血液中的酒精浓度急速上升），降低血中酒精浓度，并加快排尿，使酒精迅速随尿排除。

4.多吃水果，如梨、橘子、苹果、西瓜、番茄等，用果糖把乙醇烧掉。

5.可服用维生素 B1 和维生素 E，促进乙醇的分解。

醉酒后许多人会喝上几杯浓茶以解酒。其实，喝浓茶非但不能解酒，还如同火上浇油，这是为什么呢？

首先酒会直接损伤胃黏膜，导致胃炎、胃十二指肠溃疡，甚至发生胃出血。其次浓茶对胃黏膜也会产生一定的刺激性，诱发胃酸分泌、所以喝浓茶对酒后损伤胃黏膜起着推波助澜的作用。

酒精能使血液流动加快，血管扩张，而且对心脏有很大的兴奋作用，使心跳加速。茶中的茶碱同样具有兴奋心脏的作用，双管齐下，更加重了心脏的负担。可见，酒后是不宜饮浓茶的。

生活中喝酒是常有事儿，喝酒就必有醉酒的时候，那醉酒的症状该怎么缓解？

1.蜂蜜水——酒后头痛

喝点蜂蜜水能有效减轻酒后头痛症状。这是因为蜂蜜中含有一种特殊的果糖，可以促进酒精的分解吸收，减轻头痛症状，尤其是红酒引起的头痛。

2.西红柿汁——酒后头晕

西红柿汁液是富含特殊果糖，能帮助促进酒精分解吸收的有效饮品，一次饮用300ml以上，能使酒后头晕感逐渐消失。饮用前若加入少量食盐，还有助于稳定情绪。

3.新鲜葡萄——酒后反胃、恶心

新鲜葡萄中含有丰富的酒后酸，能与酒中乙醇相互作用形成酯类物质，降低体内乙醇浓度，达到解酒目的。同时，其酸酸的口味也能有效缓解酒后反胃、恶心的症状。

4.西瓜汁——酒后全身发热

西瓜汁一方面能加速酒精从尿液排出，避免其被机体吸收而引起全身发热；另一方面，也具有清热去火功效，能帮助全身降温。

5.柚子——酒后口气

李时珍在"本草纲目"中早就记载了柚子能够解酒。实验发现，将柚肉切丁，蘸白糖吃对消除酒后口腔中的酒气和臭气更是有奇效。

6.芹菜汁——酒后胃肠不适、颜面发红

酒后胃肠不适时，喝些芹菜汁能明显缓解，这是因为芹菜中含有丰富的分解酒精所需的B族维生素。此外，喝芹菜汁还能有效消除酒后颜面发红症状。

7.酸奶——酒后烦躁

酸奶能保护胃粘膜，延缓酒精吸收。由于酸奶中钙含量丰富，因此对缓解酒后烦躁症状尤其有效。

8.香蕉——酒后心悸、胸闷

因酒后感到心悸、胸闷时，立即吃1~3根香蕉，能增加血糖浓度，使酒精在血液中的浓度降低，达到解酒目的，同时也能减轻心悸症状、消除胸闷感觉。

落枕自救

● 现场点击

某日早上，刘洁起床后，感到脖子酸痛，原来自己由于睡姿不正确得了落枕。下课的时候，她的好朋友看她不住的用手揉脖子，就好心地帮她按摩，按摩的时候非常舒服，但到了晚上，刘洁的脖子开始剧痛。第二天，疼痛加剧，刘洁实在忍不住了，晚上在妈妈的陪同下到离家不远的诊所做推拿。但是几天后，她的脖子仍然疼痛不止，无奈之下，只好和学校请假来到了中医学院理疗科，对脖子进行了全面检查，医生为她对症治疗，疼痛才有所缓解。

医护人员表示，来该院做理疗的病人中，有很多是因为身体受到小小损伤后按摩不当引起的。一些人碰上落枕等，就让外行人进行大力度的"推拿"。或者随意找一个按摩师"治疗"，由于一些"按摩师"没有受过专业训练，不但解决不了问题，还会造成严重后果。

● 专家点评

落枕是一种常见病，多发于青壮年。落枕的常见发病经过是入睡前并无任何症状，晨起后却感到颈背部明显酸痛，颈部活动受限。病因主要有两个方面：一是肌肉扭伤，如夜间睡眠姿势不良，头颈长时间处于过度偏转的位置等；二是感受风寒。轻度落枕做适当的颈部运动其症状自然会消失，而反复落枕或落枕总不见好，就要去医院检查，它可能是颈椎病的信号。尤其经常性的落枕，更应小心。颈肌慢性劳损或患有颈椎病会引起反复落枕。

● 急救措施

1. 冷敷

一般落枕都属于急性损伤，多见局部疼痛、僵硬。这样，在48小时内只能用冷敷。可用毛巾包裹细小冰粒敷患处，每次15～20分钟，每天两次，严重者可每小时敷一次。

2. 热敷

待到炎症疼痛减轻时，再考虑热敷。可用热毛巾湿敷，亦可用红外线取暖器照射，还可用盐水瓶灌热水干敷。

3.按摩

经上述方法后，颈肩仍觉疼痛者，可用分筋法按摩，由家人代劳。患者取坐位，暴露颈肩部，医者站在患者后方，在患处涂少许红花油或舒筋油，将左手扶住患者头顶位置，用右手拇指放在患肩痛处轻揉按摩，并向肩外轻轻推捋以分离痉挛痛点。每日推3~6次，一般在分筋按摩后，颈肩疼痛都可缓解。

● 专家提醒

一定要注意以下几点，避免落枕的发生。

1.颈部缺少锻炼容易落枕，办公室的白领人士患落枕的大有人在，原因是这些人经常长时间的伏案工作或者坐在电脑旁工作，经常保持一个姿势就会导致颈部的肌肉和韧带因过度牵拉而处于一种缺血的劳损状态，因此容易落枕，建议每隔一个小时就应该起身活动一下颈椎，以使颈部的肌肉和韧带得到休息。

2.要想避免落枕，最好保持良好的睡姿，选个好枕头，枕头高度为5~10厘米即可，最好与肩持平。枕头过高会使颈椎前倾角过大，导致头部供血不足。枕头要有弹性，枕芯可用谷物皮壳、木棉、中空高弹棉，并配以纯棉枕巾。过硬的枕头会使颈部局部肌肉得不到良好的放松，睡后易产生疲劳感；太软的枕头则容易"陷"下去，起不到垫高头部的作用。另外喜欢躺着看书或看电视也容易导致颈部的肌肉劳损。

3.颈部着凉，如晚上吹电风扇或者开着空调等，可引起局部血管和肌肉的反射性痉挛，影响局部血液循环，久而久之可造成颈部组织变性及退变，容易导致落枕。所以要注意颈部保暖，避免受凉。

如果颈部的劳损长期得不到纠正，就有可能会引起颈椎病，因此如果落枕频繁发生一定要引起足够的重视，及时纠正不良生活习惯和姿势，坚持合理地锻炼，远离颈椎病。

● 小贴士

这套颈部保健操适合于健康人群，可改善颈部血液循环，对颈椎有明显的保健功效，但对于颈椎病患者应在医生指导下选择部分章节活动。

姿势：两脚分开与肩同宽，双臂自然下垂，全身放松，两眼平视，均匀呼吸，站或坐均可。

1.双掌擦颈。十指交叉贴于后颈部，左右来回轻轻摩擦30次。

2.左顾右盼。头先向左再向右转，幅度宜大，速度适中，自觉酸胀为宜，30次。

3.前后点头。头先前再后，前俯时颈项尽量前伸拉长，30次。

4.旋肩舒颈。双手置两侧肩部，掌心向下，两臂先由后向前旋转20～30次，再由前向后旋转20～30次。

5.颈项争力。两手紧贴大腿两侧，两腿不动，头转向左侧时，上身旋向右侧；头转向右侧时，上身旋向左侧，10次。

6.摇头晃脑。头向左—前—右—后旋转5次，再反方向旋转5次。

7.头手相抗。双手交叉紧贴后颈部，用力顶头颈，头颈则向后用力，互相抵抗5次。

8.翘首望月。头用力左旋，并尽量后仰，眼看左上方5秒钟，复原后，再旋向右，看右上方5秒钟。

9.双手托天。双手上举过头，掌心向上，仰视手背5秒钟。

10.放眼观景。手收回胸前，右手在外，劳宫穴相叠，虚按膻中，眼看前方5秒钟，收操。

皮肤扎刺自救

●现场点击

上午课间操时间，刘月快速下楼的时候左手习惯性地扶着楼梯的木制扶手，突然间，她觉得左手心猛地被挂住了。刘月下意识地一抬左手，手心处流血了，在皮肤里面有一个黑黑、长长的硬木刺儿。刘月感觉左手钻心的疼，她强忍着溢满眼眶的泪珠，走进了学校的医疗室。医疗室的老师看到刘月的情况，拿出细针消了毒，并对她说："你的左手放松，别紧张。"然后老师用针尖一下又一下地挑着扎刺处，不一会儿，老师放下了细针，拿镊子在她的扎刺儿处猛地一拔，一个细细、瘦瘦的小木刺儿被"驱逐"出境。随即，老师又用消毒棉签蘸上碘酒，帮刘月手心上的伤口消毒。

●专家提醒

竹、木、铁、玻璃、植物都可能刺伤皮肤，扎刺后，一定要将刺挑出，消毒防感染。被刺伤的伤口大小或出血多少倒是次要的，主要应该注意有无异物残留在伤口里，异物残留就有可能使伤口化脓，被刺伤的伤口往往又深又窄，更有利于破伤风细菌的侵入繁殖和感染，故必须取出异物，消除隐患。

●急救措施

如果伤口内留有木刺，在消毒伤口周围后，可用经过火烧或酒精涂擦消毒的镊子设法将木刺完整地拔出来。如果木刺外露部分很短，镊子无法夹住时，可用消毒过的针挑开伤外的口皮，适当扩大伤口，使木刺尽量外露，然后用镊子夹住木刺轻轻向外拔出，将伤口再消毒一遍后用干净纱布包扎，为预防伤口发炎，最好口服新诺明2片，每日2次，连服3～5天。若刺刺进指甲里时，应到医院里，由医师先将指甲剪成V形，再拔出木刺。

手指被扎刺后，如果确实已将刺完整拔出，可再轻轻挤压伤口，把伤口内的淤血挤出来，以减少伤口感染的机会。然后碘酒消毒伤口的周围一次，再用酒精涂擦2次，用消毒纱布包扎好。

特别注意：深刺刺伤后，应到医院注射破伤风抗毒素，以防万一。

●小贴士

巧挑"肉中刺"

1.如果扎的是仙人掌或玫瑰之类的植物软刺，可先用伤湿止痛膏贴在有刺部位，然后将该部位贴在电灯泡上加热，再快速将药膏揭去。这样，刺就会被带出来了。

2.如果扎的是铁刺，可先将有刺的皮肤表面用针挑出一条细缝，然后将磁铁放在"细缝"上，刺即被吸出。

3.如果扎的是木刺或竹刺，可先在有刺部位滴上一滴风油精，然后用消过毒的针将刺轻轻挑出，既不痛又不出血，而且还不会发炎化脓。

烧烫伤自救

● 现场点击

"真想不到，被热水袋烫了一下，竟然花了1000多元，治了一个多月还没好"。昨日，小赵向记者嘀咕道。冬天到了，因为寝室太冷，小赵便买了个热水袋。使用后的第二天，小赵左大腿有点疼。掀起裤子一看，只见大腿上有一块指甲大小的皮肤有些红，是睡觉时被热水袋烫了。小赵并没在意。哪知，过了三四天，他大腿上的红点红肿，表面长出了水疱。小赵就到药店随便买了治疗烫伤的软膏，涂在伤口上。几天后，伤口越来越痛，流黄水，越来越肿。后到检查发现，他的大腿烫伤部位已严重腐败，将溃烂组织清除后，烫伤处留下一个深近1厘米，直径约1厘米的深坑。由于受伤的皮下组织深，还需一两天连续换药，才可痊愈。

● 专家告诉你

在睡梦中长时间接触高温物体，接触时间越长，表皮组织就会被伤得越深越严重。这种伤称为轻度灼伤，一般不会引起重视。但这种烫伤，最怕感染，一旦发痒挠破皮肤，接触了细菌就可能导致病情加重。

许多烧烫伤患者由于在就医前处置不当会导致创面加深，甚至到了需要手术植皮才可恢复的地步。其实，在刚刚发生烧烫伤后的短短几分钟内，如果措施得当，可以显著减轻伤情，甚至可以避免一次手术之痛。

● 急救措施

正确方法二步走：

第一步，发生烧烫伤后的最佳治疗方案是局部降温，凉水冲洗是最切实、最可行的方法。冲洗的时间越早越好，以减少热力继续留在皮肤上起作用。其目的是止痛、减少渗出和肿胀，以避免或减少水疱形成。冲洗时间应在半小时以上，以停止冲洗时不感到疼痛为准。需注意的是，冲洗结束后，为防止感染应避免再次接触冷水。另外可在冲洗的冷水中放少许盐，有止痛消肿作用。

第二步，将烫伤处的皮肤擦干，并在创面涂些蓝油烃、绿药膏等油膏类药物，再适当包扎1~2天。要注意的是，面部不要包扎，烫伤处皮肤应保持清洁和干燥。如有小水疱形成，注意不要弄破，应让其自行吸收；如果水疱较大，需到医院让医生处理。

注意事项：

严重烫伤时，创面不要涂药，防止进一步损伤和污染。在寒冷季节要注意身体的保暖，尽快送医院。轻度烫伤自行处理一两天后如果出现红肿、疼痛加剧等症状，说明有感染的可能，也应及时到医院进行治疗。如果已发生表皮脱落，最好覆盖一层绿霉素纱布，然后再到医院进行处理。

对于酸碱造成的化学性烧伤，早期处理也是以清水冲洗，且应以大量的流动清水冲洗，而不必一定要找到这种化学物质的中和剂。过早应用中和剂，会因为酸碱中和产热而加重局部组织损伤。

如何处理水疱？

一般来说，只有小水疱能在短时间内自行吸收、愈合；大水疱由于液体较多，要通过自身吸收干净比较困难。因此，大水疱常需挑破，把水疱液引流出来。

具体操作是：用医用酒精消毒创面后，在水疱最低位用消毒剪刀或针头刺破表皮，并用无菌棉签轻轻挤压，使水疱液在低位充分流出，同时保留水疱表皮，然后用无菌敷料包扎。其间每天换药一次，每次都应用无菌棉签把水疱里的液体尽量挤出。一周左右，水疱就会结痂、干燥自愈。

● 小贴士

许多患者在受伤之后直接在创面上涂抹香油、酱油、黄酱、牙膏等物品后便急急忙忙到医院就医，但这些日用品并无任何治疗烧烫伤的作用，且只能增加医生治疗的困难。若涂抹紫药水，因其着色重、不易洗净也会影响医生判断伤情。

食物中毒自救

● 现场点击

下午第二节课，一所全日制寄宿学校发生了疑似食物中毒事故，有8名学生被送进了医院就诊。记者在医院里看到，几名刚送到医院的学生被老师搀扶着，还一直在呕吐，脸色苍白。医生马上对学生进行了仔细的检查治疗，随后这8名学生都被留院观察。据了解，当天中午，同学们在学校里吃了中饭，没想到过了一个小时左右就出现了腹痛、呕吐等现象。

"午饭我吃了四季豆、西红柿蛋汤，还有米饭"。疑似中毒学生告诉记者，吃过午饭一个小时左右，他就开始吐，吐了六七次，肚子很痛。另外几名学生也出现类似情况。随后，他们马上被老师送到医院就诊。当地卫生部门得知这一情况，马上赶到医院，对每个孩子逐一进行询问，了解病情。对于事故的具体原因，卫生部门已经介入调查。

● 专家提醒

什么是食物中毒？

食物中毒是摄入了有毒有害物质后，出现的非传染性急病。食物中毒分细菌性食物中毒、化学性食物中毒、有毒动植物中毒、真菌毒素和霉变食品中毒等。

细菌性食物中毒是最常见的一种。肉类、蛋类、奶类、水产品、海产品、家庭自制的发酵食物等均可引起细菌性食物中毒。化学性食物中毒是指误食有毒化学物质或食入被其污染的食物而引起的中毒。像农药中毒、亚硝酸盐中毒。有毒动植物中毒是指误食有毒动植物或摄入因加工、烹调方法不当，未除去有毒成分的动植物食物引起的中毒。像河豚鱼中毒、毒蕈（毒蘑菇）中毒、发芽马铃薯中毒、豆角中毒、生豆浆中毒等。真菌毒素和霉变食品中毒是指食用被有毒真菌及其毒素污染的食物而引起的中毒。像霉变甘蔗中毒、霉变甘薯中毒等。

食物中毒者最常见的症状是剧烈的呕吐、腹泻，同时伴有中上腹部疼痛。食物中毒者常会因上吐下泻而出现脱水症状，如口干、眼窝下陷、皮肤弹性消失、肢体冰凉、脉搏细弱、血压降低等，最后可致休克。

●急救措施

一旦有人出现上吐、下泻、腹痛等食物中毒症状，首先应立即停止食用可疑食物，同时，立即拨打120呼救。在急救车到来之前，可以采取以下自救措施：

1. 催吐。对中毒不久而无明显呕吐者，可采取用手指、筷子等刺激其舌根部的方法催吐，或让中毒者大量饮用温开水并反复自行催吐，以减少毒素的吸收。经大量温水催吐后，呕吐物已为较澄清液体时，可适量饮用牛奶以保护胃黏膜。如在呕吐物中发现血性液体，则提示可能出现了消化道或咽部出血，应暂时停止催吐。

2. 导泻。如果病人吃下中毒食物的时间较长（超过两小时），而且精神较好，可采用服用泻药的方式，促使有毒食物排出体外。用大黄、番泻叶煎服或用开水冲服，都能达到导泻的目的。

3. 保留食物样本。由于确定中毒物质对治疗来说至关重要，因此，在发生食物中毒后，要保留导致中毒的食物样本，以提供给医院进行检测。如果身边没有食物样本，也可保留患者的呕吐物和排泄物，以方便医生确诊和救治。

特别提示：这种紧急处理只是为治疗急性食物中毒争取时间，在紧急处理后，患者应该马上进入医院进行治疗。

●小贴士

应该怎么样预防食物中毒?

1. 洗蔬菜水果最好先用水浸泡，再仔细清洗。

2. 选购包装好的食品时，要注意包装上的有效日期和生产日期。

3. 煮食用的器皿、刀具、抹布、砧板需保持清洁干净；加工、盛放生食与熟食的器具应分开使用。加工、贮存食物一定要做到生熟分开。

4. 正确烹调加工食品，隔夜食品、动物性食品、生豆浆、豆角等必须充分加热煮熟方可食用。

5. 冰箱等冷藏设备要定期清洁；冷冻的食品如果超过3个月最好不要食用。

6. 妥善保管有毒有害物品，防止误食误用。

7.不要采集、食用不认识的蘑菇、野菜和野果。

8.在外面吃饭，尽量不要到无证饮食场所。

9.食用海味产品必须采用正确的烹调方法，炒熟烧透。

10.不吃腐败发霉的食物。

11.尽量不吃鱼胆。

误吞异物自救

● 现场点击

一根2、3厘米长的鱼刺深深地卡在食管里，差点让王原丢了命。经过抢救，目前王原顺利脱险。

周末，王原边看电视边吃饭，一不留神，鱼刺就滑入喉管。当时，王原没有太在意，吃了两口饭，喝了一碟醋，就早早地睡了，第二天王原咽部吞咽困难，疼痛感明显，一吃东西，喉咙里头就难受，王原的妈妈想一根鱼刺而已，不要耽误他的学习时间，就一直拖着没去医院，结果接下来几天王原一直不能正常进食，最后还是去了医院，医生让做胃镜检查，检查结果让大家吓了一跳，片状鱼刺深深地卡在食管下段25厘米处，并刺入食管前后壁之间，由于鱼刺刺入时间较长，食管黏膜周围已出现水肿，并且紧邻大动脉，稍有不慎弄破血管的话必死无疑。

● 专家点评

不少人都有在吃鱼时被鱼刺卡住喉咙的经历。习惯性的做法是喝几口醋，或者吞几口米饭、馒头，从而把鱼刺带下去。然而这样盲目处理不仅无济于事，而且还很危险。因为常用的喝醋方法并不能真正起到软化鱼刺的作用。醋只能短暂地在被卡的位置停留，不仅效果十分有限，而且可能会延误治疗时机。用吞米饭、馒头等食物的方法将鱼刺硬咽下去则更加危险，因为被硬吞下去的鱼刺有可能刺穿血管。

当喉部被鱼刺等物体卡住时，首先应缓解情绪，因为情绪紧张，容易造成咽喉部肌肉收缩，异物会卡得更紧。正确的做法是保持放松的状态，然后喝适量的水。如果冲不下去，可以试着用汤匙或牙刷柄压住舌头的前半部，在亮光下仔细观察其舌根部、扁桃体及咽后壁，如果能找到鱼刺，可用镊子或筷子夹出。如上述方法不能奏效，或吞了流食后痛感加重、异物感更明显，应立即到医院看急诊。

●专家提醒

成人将异物吞下以后，只要当时未发生呛咳、呼吸困难、口唇青紫等窒息缺氧表现，就不必过分紧张。无需想方设法使误吞的异物再吐出来，因为催吐有时反而会使异物误吸入气管而发生窒息。误吞异物后试图用导泻药使之从肠道迅速排出的方法也是错误的，因为诸如钉子、假牙等带尖、带钩的异物，遇到肠管因药物作用快速蠕动时，很可能钩到肠壁上，甚至引起肠壁穿孔。

在一般情况下，异物进入消化道后，除少数带钩、太大或太重的异物外，大多数诸如棋子、硬币、钮扣等异物，都能随胃肠道的蠕动与粪便一起排出体外。为防其滞留于消化道，可多给患者吃些富含维生素的食物，如韭菜、芹菜等，以促进肠道的生理性蠕动，加速异物排出。多数异物在胃肠道里停留的时间不过两三天，也有少数经三四周后才排出。每次患者排便都应仔细检查，直至确认异物排出为止。在此期间，患者一旦出现呕血、腹痛、发烧或排黑色稀便，说明有严重的消化道损伤发生，必须去医院急诊治疗。若经三四周仍未发现异物排出，则应去医院请医生检查处置。

如果患者吞入钉子、假牙、碎玻璃等尖锐的、带尖带钩的异物，很难象一般异物那样顺利排出，必须火速去医院检查处置。因为这些异物随时可能钩住甚至刺穿消化道壁，造成严重的消化道损伤；对于吞入较大的异物，如手表等。很可能误咽时卡在食管或胃的入口处。所以，当病人咽下异物后，感到胸口或上腹部疼痛并且有吞咽困难，就应立即停止进食进水，以防异物继续下落损伤消化道，同时速去医院检查由医生将异物取出。

有时侯，患者吞下的异物不大，但是较重，如金戒指等，进入胃内以后因其过重而沉入胃的最低处，无法随胃蠕动进入肠道被排出，时间长了可引起胃粘膜损伤、出血甚至发生穿孔，故吞金者必须及早去医院请医生帮助将其取出。

●急救措施

误吞异物后感到吸气后不能呼气、咳嗽、声者发不出时，需紧急处理。

对于儿童患者，用手托住腹部，头放低，用手敲拍孩子背部，同时手指伸入喉咙口寻找异物并即时取出，或用手指按舌根部使之产生呕吐反射，让异物呕出。

如果孩子体重过重，可以用膝盖顶着孩子腹部，头放低，用上述方法进行抢救。

对成人患者，救护者站在患者身后，用双手紧紧地抱住患者腹部并突发用力向腹后上方提起，以使异物咳出。如不能咳出，要迅速去医院。

在没有救护者在场的情况下，可以借助椅背、桌角等自救。身体呈弓形，腹部正好顶在椅背或桌角上，向胃部方向一阵一阵地压迫，同时争取咳嗽，将异物咳出。注意头部一定要尽量放低。

● 小贴士

误吞异物是内科医师常遇见的现象，包括患者剔牙不慎吞入牙签和牙线棒，由于吞入异物后，不当催吐，形状不一的物品可能穿透食道中膈腔、小肠壁等部位，造成化脓等病症，所以仍建议只要吞入无法消化的物品，最好寻求专业医师救治。

吸入异物自救

● 现场点击

昨日，心胸外科的王主任为20岁青年孙某取出了卡在其肺部的圆珠笔帽，终结了他5年的咳嗽史，还其正常呼吸。

现上大学的孙某，在高中期间反复出现发烧、咳嗽等症状，经常咳出带异味的浓痰。4个月前病情加重，痰中带血。3月2日，孙某住进心胸外科。昨日，该科为孙某动手术，发现其支气管内有一个1厘米长的圆锥形异物，取出来发现竟是圆珠笔笔帽，正是这个笔帽将患者左下肺的支气管完全堵塞，医生遂切除了已失去功能的肺叶。

心胸外科王主任介绍，该科做过多例支气管异物手术，大多是误吸所致，如果发现早，可利用纤支镜取出异物。

●专家点评

如果本该沿食管进入胃中的食物（或其他根本不应食用的小东西）不慎吸入了气道，称为误吸。误吸造成的气道异物属于危急情况（是指突然发生的生命危机状态，如不立即处理，就有发生死亡的可能）的一种，必须及时有效地处理，否则会导致严重的并发症或死亡。

有些较小的异物呛入气管后，患者一阵呛咳后，并没有咳出任何异物，却很快平静下来。说明异物已进入支气管内，支气管异物短期内可能没有任何明显的症状。但异物在肺内存留时间过长，不仅不易取出，还可引起气管发炎、肺萎缩、肺脓肿等严重疾病。所以，凡是明知有异物呛入气管，在没有窒息的情况下，即使没有任何呼吸障碍表现，也不可麻痹大意、心存侥幸，认为异物迟早总会咳出，一定尽早去医院接受检查处理。

●急救措施

异物首先被吸入喉室内，因刺激粘膜而发展为气急、剧烈呛咳等症状，继而出现喉鸣、吸气时呼吸困难、声嘶等表现，在吸气时发出很响的"吼吼……"声，如果异物堵塞声门，或引起喉痉挛，可出现口唇、指甲青紫、面色青白等缺氧症状。患者会在数分钟内因窒息缺氧而死亡。

这个时候情况十分危急，救助者不要慌忙抬着患者去医院，仅仅几分钟的时间不仅无法赶到医院实施抢救，还会贻误宝贵的抢救时机。最重要的是发现窒息后，要立即对患者进行现场急救，首先让患者趴跪在地上，臀部抬高，头尽量放低，然后用手掌稍用力连续拍打病人背部，以促使异物排出。此法无效时，可立即从患者背后拦腰将其抱住，双手叠放在病人上腹部，快速用力地向后上方挤压，随即放松，如此反复数次，通过隔肌上抬压缩肺脏形成气流，将异物冲出。进行抢救时要注意，动作必须快速，用力适度，以免造成肋骨骨折或内脏损伤。

异物若越过声门进入气管，初期症状与喉室内异物相似，多以呛咳为主。气管内的异物多可活动，随呼吸气流在气管中上下移动冲击声门，激起阵发性咳嗽和呼吸困难，发出"噗拉、噗拉"的声响。将手放在颈部气管的位置，会感到有一种撞击。若异物随呼气气流上冲卡在声门下面，无法冲出也不能下降，患者立刻会出现口唇、面色青紫、呼吸困难等窒息缺氧症状。此时，救助者要火速将患者平放，托起下巴，用力做口对口人工呼吸，将堵在声门的异物吹入气管，使气流通畅，缓解缺氧状况；或者扶住患者使其坐直，然后用力拍打背部，借助震动使异物滑入气管，暂时缓解窒息，为抢救创造时机。

当上述方法无效，眼看患者即将丧生时，可立即进行环甲膜穿刺术，用粗针头或小刀的刀尖在颈部正前方喉结下的凹陷处，穿入气管或挑破环甲膜，插入小塑料管或两端开口的笔管，重新开放气道，然后再将病人送往就近的医院抢救。严重窒息的患者神志已丧失，所以进行环甲膜穿刺是不会感到疼痛，并且环甲膜处无重要血管神经通过，只要操作中毫不犹豫，细心谨慎，就可达到既不损伤颈部的血管，还能解除患者的窒息的目的。

洗澡"晕堂"自救

●现场点击

昨天上午，高二学生小秋安静地躺在省人民医院的重症监护室，浑身上下插满了管子，心跳是恢复了，但是人还没苏醒。小秋的家人等候在监护室门外，脸上挂着悲伤，"等她苏醒过来再说吧"。一位中年男子泣不成声地拒绝了记者的采访。小秋的爸爸告诉记者，前天晚上7点半，小秋和往常一样去浴室洗澡，可到了8点半，她还没从里面出来。家人有点急了，推门一看，她已经晕倒在地上。家人拨打120急救电话，当车子赶到时，小秋已经没有心跳了，瞳孔也已经扩大。有医学常识的人都知道，发生这种情况，病人已经具备临床死亡的症状，但急救医生们并没有放弃抢救，大家合力将小秋抬上车并立刻进行心肺复苏急救。时间一分一秒过去，送到医院时，小秋的心跳仍未恢复。守候在医院的医护人员立即投入到另一轮抢救中，插管，上呼吸机……30分钟过去了，病人毫无反应，但是所有人都不肯放弃。抢救持续一个半小时后，奇迹终于出现了，小秋开始有了微弱的心跳和呼吸，这让所有的医护人员兴奋不已。经过一段时间的观察，医护人员将小秋转到重症监护室治疗。

●专家点评

为什么会出现突然"晕堂"的情况？"晕堂"通常由于水蒸汽使皮肤的毛细血管完全打开，血液集中到皮肤，影响全身血液循环而引起。对于个体来说，"晕堂"和年龄无关。它的发生有以下几方面原因：一、低血糖造成的眩晕或休克。有些人在洗完热水澡或蒸过桑拿之后，会感到手臂、腿部无力，甚至有飘忽的感觉。因为洗澡要损耗很多能量，这些能量都是由糖直接"燃烧"而来。糖耐量下降的人和糖尿病人对血糖的高低变化最为敏感，容易出现低血糖。二、脑供血不足。热水或蒸汽会使外周血管扩张，血流变快，脑部容易产生轻微的供血不足，因而出现头晕。三、供氧减少。洗澡间大多空间狭小，如果密闭过严，室内空气中氧分也会降低，影响供氧。四、体位性眩晕。较长时间低头、弯腰搓洗下肢都会出现这种现象。

●急救措施

1.如果只是轻微眩晕，不必惊慌，立即离开浴室躺下，并喝一杯热水慢慢就会恢复正常。

2.如果较重，马上平躺，用身边可利用的东西如衣服、手包等把腿垫高。使腿高于上身，加速血液回流到心脏，增加脑组织供血，很快症状会缓解。待稍微好一点后，注意呆在空气流通的地方，就会恢复。

●专家提醒

1.俗话说，饱不洗头饿不洗澡，其实也不是没有道理的。当人刚吃完饭时，人的血液大量的流入胃部，其他部位会缺血，当洗头时要低头，会造成头部缺血更加严重。如果空腹洗澡，同样也会对人的胃部造成不良影响。洗澡前喝一杯温热的糖开水，至少要喝一点饮料。反之，如果刚吃完饭就去洗澡，热水会使人的血液大量的流向皮肤，也会造成正需要血液的胃部缺血，而造成消化不良。正确的做法是吃完饭半小时到两个小时去洗澡比较好。

2.洗澡水及桑拿温度不宜过高，水温在40℃左右最为合适；洗澡时间也不宜过长。

3.有些特定人群要避免长时间洗澡，比如有心绞痛、心肌梗塞等心脏病的患者或者低血压、低血糖、贫血的人。

4.为了预防洗澡时突然昏倒，要保持浴室内空气新鲜。

5.平时注意锻炼身体，提高体质。

●小贴士

如果你有下列症状，说明你可能患有低血糖症，如果症状严重，请速就医。

1.明显的疲劳虚弱。

2.倦怠（进食前特别明显）。

3.脾气变得暴躁。

4.面色苍白、多汗或冒冷汗。

5.体温低，心跳快速。

6.呼吸浅促，晕眩。

7.视力模糊。

8.迅速或极度的饥饿感。

9.经常头痛。

牙外伤自救

●现场点击

前段时间，小金在学校打篮球时，不小心将一颗门牙撞掉了。当时到附近的诊所作了止血处理。前几天听朋友说当时捡回牙齿赶去医院还能接上，不禁追悔莫及。

昨日上午，19岁的小蓓被妈妈送到省妇幼保健院口腔科，半小时前，小蓓因在滑冰场溜冰时，牙齿不小心磕到了栏杆上，导致两颗牙齿脱落。

随着天气转暖，户外活动增多，牙外伤的发生率明显增加。在牙外伤中，最易伤到的牙齿是门牙，受伤原因主要是打闹，其次是运动不当，比如玩滑板、溜冰、打篮球、骑自行车等。常见的有牙碰伤、牙齿部分折断和牙齿全部脱落三种，其中最严重的就是牙齿连根脱落。

● 专家提醒

青少年运动时，很多人知道佩戴护膝、护腕以及头盔，但是，他们却往往忽视了对牙齿的保护。来医院就诊的患者当中，有很多人是因为运动时没有任何保护措施，不小心磕坏了牙齿。其实如果能提前采取保护措施，运动之前戴一个运动护齿套，在激烈体育运动中就可以保护牙齿不受损伤。一旦牙齿受伤松动，一定不要乱碰并及时到医院就诊，撞掉的牙齿一定要带给医生。

● 急救措施

由于跌倒或碰撞等意外情况撞坏牙齿的，大致分三种情况急救：

一、牙冠处小部分撞掉的，可到医院先杀死这颗受损牙的神经，再修补。

二、在牙齿根部撞断的，要到医院拔掉这颗断牙的牙根，然后再镶上假牙；如果牙根断处比较靠近牙冠，则可以保留牙根再接上假牙。

三、如果是整颗牙完整脱位的，千万别将牙齿扔掉，可做牙齿再植术。一般来说，原来健康的牙齿意外摔脱后，都可以经医生处理后重新植入牙床内。如果植入及时，这个牙齿日后长牢的成功率可达75%。对身体健康的年轻患者来说，若牙齿脱落离体的时间在半小时以内，成功率可高达90%以上。脱落的牙齿如要再植，当然必须是完整的，牙齿完整地从牙槽窝内脱出，这时必须保持脱落的牙齿潮湿，根据当时条件，可用自来水将脱落的牙齿冲洗干净及时放回牙槽窝内，及时到医院就诊。或将脱落的牙齿用自来水冲洗干净，放入自来水或生理盐水小瓶内，也可以放入牛奶内或用湿毛巾包起来迅速到医院就诊。值得注意的是用自来水冲洗牙齿时，不能用手或布擦洗牙根，脱落的牙齿也不能用纸、干布或棉布包着，防止损伤根周牙周膜。牙周膜的多少与再植成功率的高低有密切关系。如果脱落的牙带有周围的软组织或小块牙槽骨，切莫将它和牙齿分开，这样再植后可使牙齿获得更好的营养供给，效果会更好。如果牙根已折断或牙齿周围组织已有炎症或病变，或脱落很久的牙齿，牙周膜及牙髓均已失去活力，这就不利再植了。牙齿重新再植，一般经3个月的治疗都可复位，既能恢复原来的美观，又可恢复正常的咀嚼功能。因此，牙齿碰掉后，患者千万别因惊慌失措而将牙齿扔掉。

●小贴士

如何保护牙齿？

1.牙刷一定是保健型的。这种牙刷比较柔软，不会伤到牙龈。

2.刷牙的最好方法是水平颤动。此法是让牙刷在牙面上几乎原地不动地上下颤动刷，再稍稍移动，这样才能刷干净牙齿。

3.漱口次数不宜太多，否则容易把牙膏留下的氟漱掉。

4.牙膏要足量。大人竖着挤，儿童横着挤，即大人的使用量是竖着挤满在牙刷上，儿童则横着挤满在牙刷上，过多过少都不合适。

5.一定要使用含氟牙膏。氟可以保护牙齿，能非常有效地预防龋齿。

6.早晚有效刷牙。刷牙一定要保证3分钟。

7.牙线是除垢的好帮手。牙线能比较彻底地清除牙垢。

8.学会使用牙签。一定要上下垂直剔，并且最好使用纯木牙签。

要做到以上几点并不难，关键在于要持之以恒。愿大家都拥有一副健康而美丽的牙齿。

●小链接

有时候，我们明明很认真地刷牙，牙齿却莫名其妙地变黑了，这是怎么回事呢？出现这样的情况，十有八九是以前牙齿受到过撞击。就像脑震荡，牙齿也会震荡。当牙齿受到碰撞或打击的力量不太大时，从外表看，牙齿完好无损，特别是症状较轻时，往往忽视。实际上，牙齿的"里子"——牙周膜和牙髓组织已经受到影响，无论伤势轻重，都会引起不同程度的牙髓充血及根尖部牙髓组织水肿，远期可出现牙髓感染坏死、感觉丧失、牙髓钙变等情况，严重的，甚至会影响其他的好牙。

眼睛受伤自救

●现场点击

今年正月十五晚7点左右，张磊约上同学到家附近的空地上放鞭炮。

因为正月十五是最后一天允许燃放鞭炮的日子，所以张磊和同学把家里的各种鞭炮都拿了出来。有一种小礼炮，一共有16响，张磊把它固定在空地上的一个废弃的铁架子上，点燃了导火捻。然后，随着一声声清脆的鸣响，天空中闪耀起了绚丽的礼花。过了一会儿，响声停止了，大家准备燃放别的烟花。张磊走到固定烟花的铁架子跟前，用手拽出了燃过的礼炮。就在一瞬间，"啪"，又一个火星蹿了出来，直接击中了张磊的眼睛。张磊"啊"的一声大叫，捂住了眼睛。听到张磊的叫声，同学们吓坏了，赶紧通知其家长，并把张磊送到市内某大型医院。医生检查后，说张磊伤势严重，必须摘除眼球。

● 专家提醒

春节是中华民族的传统节日，"爆竹声声辞旧岁"更增添了喜庆气氛，但欢乐之余，千万不要忽视安全问题。像张磊这样用手去拿燃过的礼炮，就是很危险的行为。有些学生为了寻求刺激，把爆竹放在玻璃瓶里或埋在沙中，这样燃放尤为危险，由于局部缺氧、燃烧慢，走近时如果突然爆炸，必然炸伤双眼；而沙石、碎玻璃入眼，容易造成眼球被异物击中，治疗难度更大。如果放鞭炮时眼睛被炸伤该怎么办呢？首先应将伤者眼部、面部的污物及沙石颗粒等小心清除，可用清水冲洗创面。清水不仅能清除尘土等细小异物和血迹，还能使被灼伤的局部组织降温，并清除创面残留的化学物质，减轻进一步损害。若伤情较重，如眼球破裂伤、眼内容物脱出等，眼睑高度肿胀、淤血，眼睛睁不开，此时不要强行扒开眼睑或祛除脱出眼外的组织，应以清洁纱布或毛巾覆盖后立即送医院。注意不要压住眼球。

● 急救措施

眼睛受伤怎么办?

1.小脏物入眼

在大风天出行，很容易被沙尘迷眼。有时，也会有小飞虫进入眼中。迷眼后有人习惯性地用力揉眼，想使异物立刻出来，这可是个危险动作，对眼睛会造成划伤和感染。正确的处理方法是：

先冷静地闭上眼睛休息片刻（如果是小孩应先将其双手控制住，以免揉擦眼睛），等到眼泪大量分泌时再慢慢睁开眼睛，眨几下。多数情况下，大量的泪水会将眼内异物自动地"冲洗"出来。

如果泪水不能将异物冲出，可准备一盆清洁干净的水，轻轻闭上双眼，将面部浸入脸盆中，双眼在水中眨几下，这样会把眼内异物冲出。也可请人将患眼撑开，用注射器吸满冷开水或生理盐水冲洗眼睛，或用杯子冲洗眼睛。

如果各种冲洗法都不能把异物冲出，可请人翻转上眼睑寻找异物，用消毒棉签或干净手绢叠出一个棱角擦拭出异物，并点几次抗菌眼药水以预防感染。

如果发现异物在角膜上，应立即到医院必须用消毒器械取出角膜异物，不要自己随便取，一旦创伤面扩大或感染，会发生角膜炎，就成了大问题。

2.被球击伤

为减轻被球击伤的肿胀和疼痛，需冷敷10～20分钟。包好一包碎冰（高尔夫球大小）置于眉骨上，将冰包轻轻放在眼皮上。如果眼睛发青，感到视线模糊，应该立即咨询眼科医生，有可能是眼内出血。

3.眼睑割伤

眼睑上的小伤一般会自愈，但如果是较深的伤口就可能需要缝针。用温湿的布压在伤处，可以止血，以便看清伤口（当心不要用力太重，会伤了眼睛内部），如不只伤到了表皮，就要去看医生，就医途中用纱布轻轻盖在眼睛上。

4.碎玻璃伤

眼内扎入碎玻璃需立即去找医生。不要试图自己取出玻璃，这样有加深伤口的危险，可用泡沫塑料杯底轻盖住眼睛，去医院急诊。

5.化学品溅入

用流动的温水冲洗眼睛至少15分钟。如果在外野餐郊游，没有水源，可用牛奶、果汁等凉的饮料冲洗眼睛，总之应在受伤现场利用一切可以利用的水源，冲洗受伤眼睛，使化学物质迅速离开眼睛，这是减少眼睛损伤的最有效方法。切忌不先冲洗就去找医生诊治。

●小贴士

保护眼睛的七大秘诀

1.预防近视。不在强烈的或太暗的光线下看书、写字。读写姿势要端正，眼与书之间要保持30厘米以上的距离。不躺着看书。乘车走路时不看书。

2.读写时间不宜过长。每隔50分钟左右要放松休息一下，或做做眼保健操，或到窗前眺望远处。

3.不要长时间观看电视节目、操作电脑和玩电子游戏。

4.注意防止眼外伤，异物入眼要用正确的方法处理。

5.不用手揉眼睛，不用脏手帕或脏毛巾擦眼睛。不与他人共用毛巾、脸盆等浴具。

6.不直视太阳（尤其是在正午）和电焊光，以免灼伤眼睛。

7.患上眼疾要及时医治，同时注意不要将病菌传染给他人。

药物中毒自救

● 现场点击

午休的时候，学生赵某神色慌张地来到诊所，喘着粗气让医生给她看看。只见她满脸通红，脖子和前胸等暴露部位出满了红色的小疙瘩。她一个劲地边挠边说："痒死我了！痒死我了!"医生问她还有什么不舒服的地方，她说自己胸闷、憋气、浑身没劲，还拿出一个空药瓶子疑惑地问医生："是不是吃这药引起的?"

"这是前些天我牙龈肿痛时医生给我开的药。"她说："今天早上牙又疼了起来，看这里面还有三片药，就觉得多吃片也没事，于是就一次全吃了。结果吃了没20分钟，就觉得不对劲了。"

听了她的话，医生赶忙给她肌肉注射抗过敏的药，然后立即对她进行一些生命体征的检查，发现她的血压只有70～30毫米汞柱了

医生又对她进行了升血压、输液、抗过敏等综合对症治疗。大约10分钟之后，赵某脸上、身上的红色渐渐褪去，小疙瘩也消失了，呼吸渐趋平稳。医生再测量她的血压，已经上升到100～60毫米汞柱。

● 专家点评

有病了，该吃什么药，吃多少，都应听从医生的意见和建议。如果只是凭经验、感觉以及一些道听途说的办法，自己随便用药，有可能出现很严重的后果，让人追悔莫及。

● 急救措施

家庭中发生的药物中毒，主要原因是误服，或不按医生嘱咐（不按药袋上的说明）超剂量服用，极少数的人是有意识地多服（指轻生）。一旦发现家中有人误服或超剂量服用某种药物时，第一步应该迅速查明是何种药物，找到原始的药瓶、药袋或药物说明书。鉴于误服药物不同，我们也要相应采取不同的应对措施。

如普通中成药或维生素等，可多饮凉开水，使药物稀释并及时从尿中排出。

如误服避孕药、安眠药等，则应及时送往医院治疗，切忌延误时间。如果情况紧急，来不及送医院，就必须迅速催吐，然后再喝大量茶水、肥皂水反复呕吐洗胃。催吐和洗胃后，可喝几杯牛奶和3～5枚生鸡蛋清，以养胃解毒。

误服了癣药水、止痒药水、驱蚊药水等外用药品，应立即尽量多喝浓茶水，因茶叶中含有鞣酸，具有沉淀及解毒作用。

若是误服了有机磷农药中毒，可让其喝下肥皂水反复催吐解毒。同时立即送医院急救。

如误服来苏儿或石碳酸，不宜采用催吐法。可以喝大量鸡蛋清、牛奶、稠米汤、豆浆或植物油等，上述食物可附着在食管和胃黏膜上，从而减轻消毒药水对人体的伤害。

如果误服的是强酸、强碱等药物，也不宜采用催吐法，以免食管和咽喉再次受到损害，可先喝冷牛奶、豆浆等，对于误服强碱药物还可以服用食醋、柠檬汁、桔汁等；误服强酸，则应使用肥皂水、生蛋清等以保护胃黏膜。

特别提醒：如果患者已昏迷或误服汽油、煤油等石油产品不能进行催吐，以防窒息发生。如果患者丧失意识或者出现抽搐时，也不宜催吐。而且，一定不要忘记在送往医院急救时，应将错吃的药物或药瓶带上，让医生了解情况，及时采取解毒措施。

● 小贴士

催吐时，头应偏向一侧，以防呕吐物吸入气管，引起窒息。若病人清醒能饮水，可立即让其饮大量温开水，然后再催吐，使胃中残留的药物减少到最低程度。

异物入耳自救

●现场点击

昨天，疼痛难忍的刘嘉捂着耳朵来到医院急诊室，原来一只飞虫钻进他耳内导致耳部又闷又灼痛。

刘嘉家住市郊的一栋商品楼，据他介绍，"昨天半夜我躺在床上复习功课，看了一会儿就睡着了，正睡得迷糊时，我感觉一只很大的虫子在脸上爬，我用手一摸，一不小心就飞进我的耳朵，在我耳朵乱撞，我忽然就被耳内刺痛弄得完全清醒了"。然后他先让爸爸用台灯照着耳内，希望小虫能爬出来。见不奏效，又用耳勺在耳内乱捣，结果耳朵又闷又灼痛，而且有鲜血渗出外耳道，他不敢再捣，急忙到医院就诊。医生通过耳内窥镜发现，刘嘉耳内蠕动着一个小飞虫，约1厘米长，医生用镊子将小飞虫夹碎后取出。

●专家提醒

小虫飞进耳朵乱捣最有可能损害听力。

人的外耳道是一条一端开口的管道，长约2.5～3厘米。许多小虫尤其是小飞蛾、蚊子容易飞进耳朵里，小虫在耳道内爬行、骚动、挣扎，由于耳道里的肉皮比较娇嫩，神经丰富，觉得耳朵又痒又痛。这些虫子在耳道内爬行或飞动捣乱时，往往会给人们带来难以忍受的轰隆耳鸣声和疼痛。当飞虫触及到耳道深处的鼓膜时，还会引起头晕、恶心、呕吐等症状。如果你不断地触动耳道或耳廓，只会使耳道内的虫子乱飞乱爬，更增加痛苦。严重的会引起鼓膜外伤，损坏听小骨，影响听力。

●急救措施

小虫入耳怎么办?

小虫飞进耳朵后千万不可用掏耳勺乱捣，你的动作会使小虫受到刺激向里飞，这样容易损伤鼓膜。如果小飞虫飞进耳朵里，不妨利用某些小虫向光性的生物特点，可以在暗处用手电筒的光照射外耳道口，小虫见到亮光后会自己爬出来，也可向耳朵眼里吹一口香烟，把小虫呛出来。如果上述方法不奏效，可侧卧使患耳向上，而后耳内滴入数滴食用油，将虫子粘住或杀死、闷死。当耳内的虫子停止挣扎时，再用温水冲洗耳道将虫子冲出。我国古代医学书中早有"百虫入耳，好酒灌之"以及麻油滴入耳窍以毙虫的记载。用酒、油的目的是使小虫迅速淹死或杀死，即使不死也使其动弹不得，可以少受些痛苦，然后从容地去医院耳鼻喉科，让医生取出。

在生活中，稍不注意而把小玻璃球、果核、纸团和豆类等异物掉入耳朵里的事情时常发生。豆类遇水膨胀可刺激外耳道皮肤发炎、糜烂和感染；异物嵌顿在耳道的骨性部分时可有剧烈的疼痛；大的异物可引起听力障碍。那么，这类异物入耳怎么办呢？

因为外耳道的尽头只是一层很薄的鼓膜，稍不小心便会将鼓膜弄破，引起感染。所以一旦发观耳内有异物后，一般应到医院由医生进行处理。在无法就医时，可根据异物性质、大小和位置按下列办法进行处理：

1.如果是非动物性异物时，可试单脚进行跳动几次，并将患侧向低处，可能将异物跳出来。

2.如果是水进入耳朵时，可按上述方法跳动或以棉签轻轻探入耳中，将水分吸干。

3.细小的异物进入耳朵时，一般可用镊子取出。遇水后膨胀的豆类可先用95%酒精滴入，使其脱水缩小后再取出。对于圆形的小玻璃球可用特制的器械取出，不能用镊子，以防将异物推向深处。

● 小贴士

3.月3日是"全国爱耳日"。据调查显示，我国由于药物、遗传、感染、疾病、环境噪声污染、意外事故等原因，每年新产生3万余听力障碍患者。一些日常行为稍不注意，也会对听力造成损害，那么让我们重视这些行为，一起来关爱我们的耳朵吧。

危险行为1：长时间大音量听MP3

虽然我们一再强调听音乐要注意音量和时间，然而未必能引起很多年轻人足够的重视，因为这种行为对听力的损伤是慢性的，很难察觉，发生突发性耳聋的机会也比较少。只是年轻时所造成的听力损伤，会在四五十岁时才显现出来，比如提前出现听力的退化、耳背（中度耳聋）等。

危险行为 2：掏耳朵

如果是有耳垢堵塞外耳道，影响听力时，应该进行清理，而且最好找医生"掏耳朵"，并进行外耳道冲洗。因为自己挖耳朵引起耳道、鼓膜损伤的例子也不少见。

危险行为 3：玩烟花爆竹

对于过年的意外伤害，耳鼻喉科医生最有发言权。零点之后，过来的病人最多的是鼓膜穿孔。当爆竹爆炸的一刻，鼓室内外压力不平衡造成中耳创伤，这种中耳气压伤会引起内耳出血、听力下降，严重的还会引起全聋。

危险行为 4：游泳呛水

大概很多人都有这样的经历：学游泳的时候，一口气没换好，突然发生呛水，鼻子、咽喉好一顿辣辣的刺激，这种感觉很糟糕。而当游泳池里的水污染严重时，脏水很容易通过咽鼓管，进入中耳。如果当时不巧身体抵抗力差，比如感冒，就很容易患中耳炎。而中耳炎是造成青少年儿童听力损伤的主要原因。

煤气中毒自救

●现场点击

近日，因气温变化较大，煤气中毒患者随之增多。其中有一起群发一氧化碳中毒事件，现场情况令人震惊。一个约 12 平方米的房间里，有一个即将熄灭的无烟囱煤炉，屋内的 4 个小伙子，3 人已经死亡，一人奄奄一息。虽然经过紧急抢救，这个小伙子终因不可逆的脑损伤而无法苏醒。这四个小伙子均为某高中的学生，这天下午四个人聚在一起打扑克，无奈天气太冷，就把无烟囱的煤炉放到室内，因此付出了生命的代价。令人奇怪的是，这个房间的通风良好，其房间门上的近 1 米长的大窗户一直完全敞开。许多围观的群众在叹息之余都不明白，这么好的通风环境，怎么会发生如此严重的一氧化碳中毒呢？

●专家点评

通风环境良好还会发生一氧化碳中毒事件，缘于一氧化碳的亲和力。一氧化碳能强行与红细胞内的血红蛋白结合，使其失去运送氧气的能力，发生窒息性中毒。由于一氧化碳与血红蛋白有强大的结合能力，其亲和力比氧气与血红蛋白的亲和力大230～270倍，因此血液中即使存在少许一氧化碳，也能与氧气竞争血红蛋白。而空气中只要有一氧化碳，就有可能被吸入体内。也就是说，即使环境通风良好，但如果一氧化碳的产生量多于它的排出量，仍然可以被患者吸入体内导致中毒，甚至发生死亡。这4个小伙子就是误以为通风良好，而忘乎所以地把无烟囱的煤炉放到室内，发生了严重的一氧化碳中毒。希望我们引以为戒，不要以为安装了风斗，不要以为房间四处漏风就可以万事无忧，要考虑一氧化碳的产生量。

● 专家提醒

冬季，是煤气中毒的高发时期。很多人在发现有人煤气中毒以后，只知道要开门开窗，打求救电话等。但在采取这些措施的同时，不要忘记把压在其身体下面的手尽快拿开，因为手部、上肢神经，尤其是桡神经容易因受压而导致长时间缺血造成损伤。如果失去最佳治疗时机，造成肌肉神经坏死成为不可逆时，治疗起来相当困难，将给肢体留下不可恢复的残疾，肢体的运动和感觉都有不同程度丧失。所以，如果发现有人煤气中毒以后，尽量把中毒者身体放平，不要让中毒者肢体压在自己或其他中毒者身体的下面。到医院经抢救治疗后，即使没有生命危险，如果发现肢体由于受压肿胀，无法正常活动时，应立即到相应的专科医院获得及时治疗，以减少因肌肉神经缺血坏死而引起的并发症。因此及时、准确地治疗对减少肢体的残疾是非常重要的。

● 急救措施

如何救治煤气中毒者？

煤气中毒初期只是表现为头痛，以后随之会出现头晕、眼花、恶心、心慌、四肢无力、皮肤粘膜出现樱桃红色等症状。当人们意识到已发生一氧化碳中毒时，往往为时已晚。因为支配人体运动的大脑皮质最先受到麻痹损害，使人无法实现有目的的自主运动。此时，中毒者头脑中仍有清醒的意识，也想打开门窗逃出，可手脚已不听使唤。所以，煤气中毒者往往无法进行有效的自救。

当发现有人一氧化碳中毒后，救助者必须迅速按下列程序时行救助：

因一氧化碳的比重比空气略轻，故浮于上层，救助者进入和撤离现场时，如能匍匐行动会更安全。

进入室内时严禁携带明火，尤其是遇到开煤气自杀的情况，因为室内煤气浓度过高，开灯或打开抽油烟机的开关可能会产生电火花，引起爆炸。

进入室内后，应迅速打开所有通风的门窗，如能发现煤气来源并能迅速排出的则应同时控制，如关闭煤气开关等，但绝不可为此耽误时间，因为救人更重要。

将病人脱离中毒环境，转移到通风处平卧，解开衣领及腰带以利其呼吸顺畅。给予吸氧或呼吸新鲜空气，但要注意保暖。同时呼叫救护车，随时准备送往有高压氧仓的医院抢救。

在等待运送车辆的过程中，对于昏迷不醒的患者可将其头部偏向一侧，以防呕吐物误吸入肺内导致窒息。为促其清醒可用针刺或指甲掐其人中穴。若其仍无呼吸则需立即开始口对口人工呼吸。必需注意，对一氧化碳中毒的患者这种人工呼吸的效果远不如医院高压氧仓的治疗。因而对昏迷较深的患者不应立足于就地抢救，而应尽快送往医院，但在送往医院的途中人工呼吸绝不可停止，以保证大脑的供氧，防止因缺氧造成的脑神经不可逆性坏死。

● 小贴士

据研究，昏迷4小时以上的人约有50%会出现"假愈期"，需去神经科或精神科进行医疗检查治疗，同时这些出现了"假愈期"的患者还一定要记住告诉医生，自己曾有过煤气中毒的病史，以便对症治疗。如不及时彻底地治疗，就会造成神经细胞不可逆的损害，留下痴呆、无故傻笑、记忆力减退、精神错乱、步态不稳、说话含混不清等后遗症，严重的还可危及生命。

崴脚自救

● 现场点击

关海特别喜欢打篮球，在打球的过程中经常会有小磕碰。昨天下午他打篮球时又把脚崴了。"这次落地时脚往里翻脚背先着地"，关海说，"我看肿的挺厉害，就用热水泡了半个小时，但是还是疼的厉害。于是又去医院拍了个片子，医生说骨头没事，但是需要养两个月左右。现在已经两周过去了，我感觉不是很好，脚与小腿的相交之处，也就是踝关节处好像是脱环了的感觉"。

● 专家点评

崴脚，是人们在生活中经常遇到的事情，医学上叫做"足踝扭伤"。这种外伤是外力使足踝部超过其最大活动范围，令关节周围的肌肉、韧带甚至关节囊被拉扯撕裂，出现疼痛、肿胀和跛行的一种损伤。由于正常踝关节内翻的角度比外翻的角度要大得多，所以崴脚的时候，一般都是脚向内扭翻，受伤的部位在外踝部。不少人是先使劲揉搓疼痛的地方，接着用热水洗脚，活血消肿，但这样处置其实是不妥当的。因为局部的小血管破裂出血与渗出的组织液在一起会形成血肿，一般要经过24小时左右才能修复，停止出血和渗液。如果受伤后立即使劲揉搓，热敷洗烫，强迫活动，势必会在揉散一部分瘀血的同时加速出血和渗液，甚至加重血管的破裂，以致形成更大的血肿，反而加重了扭伤的症状。

所以，发生扭伤后，一是不要立即热敷，二是不要揉搓患处。

● 急救措施

一旦崴脚，正确的紧急处理方法如下：

1.立即停止行走、运动或劳动等活动，取坐位或卧位，同时，可用枕头、被褥或衣物、背包等把足部垫高，以利静脉回流，从而减轻肿胀和疼痛。

2.分辨伤势轻重。轻度崴脚只是软组织的损伤，稍重的就可能是骨折。韧带损伤严重或怀疑脚踝骨折时，应立即到医院做 X 光片检查，以便尽早确定病情，并进行对症治疗。

3.用冰袋或冷毛巾敷在患处约10分钟，使毛细血管收缩，以减少出血或渗出，从而减轻肿胀和疼痛。记得要在皮肤和冷敷包之间放一块湿布，同时观察局部皮肤颜色，出现发紫、麻木时立即停用。

4.冷敷的同时或冷敷后可用绷带、三角巾等布料加压包扎踝关节周围。亦可用数条宽胶布从足底向踝关节及足背部粘贴、固定踝关节，以减少活动度。无论包扎或用胶布粘贴均应使受伤的外踝形成足外翻或受伤的内踝形成足内翻，以减轻对受伤的副韧带或肌肉的牵拉，从而减轻或避免加重损伤。

5.受伤48小时后，可用热水或热毛巾热敷患处，也可用加热的食醋浸泡受伤的脚踝（每天浸泡2～3次，每次浸泡15分钟）。这样可以促进局部组织的血液循环，加快局部组织对淤血和渗出液的吸收，有利于受损组织的修复。在进行温热敷时，温度不要太高，时间不宜太长，按摩时也不宜太重，以免加重渗出、水肿或发生再出血。

6.出血停止以前，不宜内服或外敷活血药物，可用"好得快"喷洒伤处，内服云南白药。出血停止以后，则宜外敷五虎丹，内服跌打丸、活血止痛散等。后期可用中草药熏洗。

7.在伤后肿胀和疼痛发展的时候，不要支撑体重站立或走动，最好抬高患肢限制任何活动。待病情趋于稳定时，为了促进关节功能的恢复，应注意动静结合，在没有疼痛感觉的前提下进行早期活动。基本痊愈后，应加强关节周围肌肉的力量练习，提高关节的相对稳定性。

中暑自救

●现场点击

刚刚参加完高考考试的胡继明终于解放了，昨天他在网吧上了一天的网，今天他想在家好好的睡上一觉。可是上午9点左右，强烈的想上厕所的感觉让他不得不起床，坐在马桶上，他脑子还在不清醒中，头上出汗，下腹一阵绞痛，拉肚子了，他想也许是昨天吃了太多的花生与毛豆还有西瓜，可能一会就好了。可是过了一会绞痛没有消失，反而越演越烈，突然，这种痛反上来，顶在胃上，然后一阵恶心，头上的汗更多了．恶心也是一波一波的上涌，这使他更坚信是吃坏了，但是慢慢的他开始感觉眼睛模糊了，眼皮睁不开，耳朵嗡嗡作响。

胡继明的爸爸看胡继明好久没有出来，就在厕所外面叫他，胡继明模糊中感觉到是爸爸在叫他，叫了两声，然后出现在他面前，拉着他的手问他怎么了，他想睁开眼睛，想说话，可是动不了，肚子疼的更厉害了。爸爸看到这种情况，忙问他，"怎么了？"他说不出来话，但是不恶心了，绞痛仍然在继续，爸爸把他背到沙发上，把他放平，问他哪疼，他说捂着肚子还是说不出话来。爸爸一看这样，马上把他背下楼，打车把他送到医院。

到了医院，大夫诊断说，这是中暑的表现，给他用上药，症状马上就缓解了。

● 专家点评

我国的六七月份是中暑的高发季节，胡继明同学中暑的原因有可能是两种，第一，有可能是网吧安装了空调，他在空调的房间里呆了一天，尤其是温度比较低的时候再离开有空调的房间，温度反差很大，这样很容易中暑。第二，有可能是网吧的温度比较高，通风又不好，再加上网吧人群拥挤集中，产热集中，散热困难。人呼吸的二氧化碳浓度增高，他在这样的环境当中呆的时间过长，导致中暑发生。胡继明的父亲的做法是十分正确的，他发现胡继明的异常反应之后，马上就把他送到了医院，没有耽搁。

● 急救措施

根据中暑症状的轻重，可以分为先兆中暑、轻症中暑和重症中暑。先兆中暑指在高温环境中工作一段时间后，出现轻微的头晕、头痛、耳鸣、眼花、口渴、浑身无力及行走不稳。轻症中暑指除以上症状外，还发生体温升高、面色潮红、胸闷、皮肤干热，或有面色苍白、恶心、呕吐、大汗、血压下降等症状。重症中暑指除以上症状外，会出现突然昏倒或大汗后抽风、烦躁不安、口渴、尿水、肌肉疼痛及四肢无力。

如发现自己和其他人有先兆中暑和轻症中暑表现时，首要做的事情是迅速撤离引起中暑的高温环境，选择阴凉通风的地方休息，如果中暑者神志清醒，并无恶心、呕吐，可饮用含盐的清凉饮料、茶水、绿豆汤等，以起到既降温、又补充血容量的作用。对于重症中暑者除了立即把中暑者从高温环境中转移至阴凉通风处外，还应该迅速将其送至医院，同时采取综合措施进行救治

● 小贴士

野外中暑防患措施及事后的紧急处理要点：

户外运动者到山野，往往奔放追逐，而长时间暴晒在猛烈的阳光下，体内的热量未能充分散发，使体温升高，脑内部的体温调节中枢受

破坏而停止活动，这就是中暑。中暑者头痛、发高烧、呕吐或昏倒，有时会造成死亡，因此野外活动者不可不注意防范及急救，最好戴上遮阳帽，并防止暴露在阳光下太久。

万一有中暑现象，应该赶快急救，以免虚脱而毙。首先，将病者移到阴凉的地方，松开或脱掉他的衣服，让他舒适地躺着，用东西将头及肩部垫高。其次以冷湿的毛巾覆在他的头上，如有水袋或冰袋更好。将海绵浸渍酒精，或毛巾浸冷水，用来擦拭身体，尽量扇凉以降低他的体温到正常温度。最后测量他的体温，或观察患者的脉搏率，若在每分钟110以下，则表示体温仍可忍受，若达到110以上，应停止使用降温的各种方法，观察约10分钟后，若体温继续上升，再重新给予降温。恢复知觉后，供给盐水喝，但不能给予刺激物。此外，依患者之舒适程度，供应覆盖物。

第三部分　交通意外

客船火灾逃生自救

● 现场点击

2005年6月14日上午，古色古香的江山7号游船，停泊在巫山码头一处偏僻的水域。在早晨6时30分左右，群众极少听见的"呜——呜——呜——"声划破了清晨的宁静，停泊在趸船旁边的客船着火了！大股浓烟从船的中部冒出，浓烟夹杂着刺鼻的焦煳味道。约10分钟后，多辆警车及消防车拉着警报赶至江边。

事发时，住在客船的二层游客陈博雅还在睡觉，他被惊醒后赶紧叫醒邻床的哥哥："喂，你听听，是不是出什么事了？"陈博雅的哥哥一听，外面人声鼎沸，非常不正常。他赶紧拉开窗帘一看，只见窗外浓烟滚滚，不少游客拿着行李逃命似地朝楼梯间跑。

"失火了，快跑！"陈博雅的哥哥对弟弟喊道，陈博雅的哥哥用拳头打破床头的玻璃，一下子跳到了船的护栏边。他们正准备从楼梯间逃离时，发现拥挤的人群已经乱成一团，将楼梯堵得严严实实。于是他们纵身从二楼跳下后，跌跌撞撞地逃到了趸船上，才舒了一口气。

熊熊大火在燃烧近3小时后被救援船只扑灭，客船损失惨重。但是船上400余名乘客安全逃生，无人员伤亡。

● 专家点评

客船发生火灾时，盲目的跟着已失去控制的人群乱跑乱撞是不行的，一味等待他人救援也会贻误逃生时间，积极的办法是赶快自救或互救逃生。所以说，陈博雅兄弟的自主逃生的做法还是十分正确的，但是从船的二楼跳下还是有些危险。当船上大火将直通露天的楼梯道封锁致使着火层以上楼层的人员无法向下疏散时，被困人员可以疏散到顶层，然后向下施放绳缆，沿绳缆向下逃生，这样做更好一些。

●急救措施

客船火灾不同于陆地火灾，因此，逃生方法也有所不同。客船发生火灾时，应该根据当时的具体情况，选择适当的逃生方法，要积极地利用客船内部设施进行自救和呼救。客船一旦发生火灾，其蔓延速度非常快，并潜伏着爆炸的危险。因为客船上可燃、易燃物品较多，再加上水上气流速度相对较快，火灾一旦发生，火势会借助风势而迅速蔓延。如果发生在机舱，那情况会更糟糕。因为机舱内机器设备、电缆线、油管线等通到船体的各个方向，所以一旦机舱失火，火焰会顺着这些连接管线迅速向四周和船体上部蔓延。根据以往的经验，火灾一般在起火10分钟内就能蔓延至整个船舱，所以登船后，首先应该了解救生衣、救生艇、救生筏等救生用具存放的位置，熟悉自己的周围环境，牢记客船的各个通道、出入口以及通往甲板的最近路径。客船发生火灾时，其内部设施如内梯道、外梯道、舷梯、逃生孔、缆绳、救生艇、救生筏等均可利用。

当客船上某一客舱着火时，舱内人员在逃出后应随手将舱门关上，以防火势蔓延，并提醒相邻客舱内的旅客赶快疏散。若火势已窜出，封住内走廊时，相邻房间的旅客应关闭靠内走廊房门，从通向左右船舷的舱门逃生。

在万不得已要跳船时，应选择落差较小的位置，避开水面的漂浮物。一般情况下，应从船的上风舷跳下，若船体已倾斜，则应从船头或者船尾跳下。跳船时最好穿上救生衣，双臂交叠在胸前，压住救生衣，双手捂住口鼻，迎风跳入水中逃生。并尽可能地跳远，以防船只下沉时涡流将人吸进船底下。

骑自行车遇险自救

●现场点击

"还好我身手敏捷，不然就被公交车给轧死了。"学生小焦提起昨天中午发生的车祸还是心有余悸。他骑车经过交叉路口时与一辆公交车遭遇，公交车将自行车卷入车底，万幸的是他就在这一瞬间紧急跳车，只是左小腿开放性损伤。

下午5时许，小焦放学后骑着自行车回家，"当时是下班高峰期，我准备骑车过马路。"他回忆说，"那辆公交车的速度很快，当我发现要被撞时，猛地一扭车头，然后一下子从自行车上跳了下来，并往一边滚去，最后只是左腿被撞到。还好我反应快，捡回来一条命"。公交司机老刘表示自己当时没有注意到小焦正骑车通过路口，突然看到有人骑车窜出来，猛地往右打方向盘，结果还是将自行车卷进了车底，还将路边一块很大的广告牌撞翻在地，公交车最后窜上了旁边的人行道才停了下来。"还好我没有刹车，要不他肯定就被轧死了。而公交车上当时有五六个人也都没有受伤。"老刘说。事发后，120急救车和交警迅速赶到现场，小焦被送至医院救治。

●专家点评

自行车在我国是一种很普通又十分便利的交通工具，人们在上下班和郊游时都经常用它。自行车给人们的交通带来了便利，自行车同时也给人们带来了不幸。正确的面对意外，在发生意外的瞬间保持头脑清晰、冷静，才能及时合理地作好应急措施。同时，我们应该严格遵守骑车规范，避免成为自行车的"牺牲品"。

1.在非机动车车道内顺序行驶，严禁驶入机动车道。在没有划分非机动车道和机动车道的道路上行驶，应尽量靠右边行驶，不能骑车在道路中间，不要数车并行，逆向行驶。

2.骑车至路口，应主动地让机动车先行。遇红灯停止信号时，应停在停止线或人行横道线以内。严禁用推行或绕行的方法闯红灯。

3.骑车转弯时，要伸手示意。左转弯时伸出左手示意，同时要选择前后暂无来往车辆时转弯，切不可在机动车驶近时急转猛拐，争道抢行，也不要弯小转。

4.自行车在道路上停放，应按交通标志指定的地点和范围有秩序地停放；在不设置交通标志的支路上停放也不要影响车辆、行人的正常通行。

5.骑自行车载物，长度不能超过车身，宽度不能超出车把宽度，高度不能超过骑车人的双肩。骑自行车在市区道路上不准带人。

6.骑自行车不准在道路上互相追逐、曲折竞驶、扶身并行。

7.不准一手扶把，一手撑伞骑车。撑伞时，要下车推行。

● 急救措施

1.弃车。逃生的第一个内容就是要迅速弃车。弃车的速度如果不够快，也会因为车的某一部分与身体发生羁绊而导致身体姿态产生变化，对落地后的自我保护动作产生极大的影响。弃车的方法是向两侧扔出车体，一定要用双手单独发力向左或右扔车，不能用脚。如果腿部也参与动作反而会带来负面影响，造成自己身体的空间姿态发生改变，身体歪斜着落地。即使腿部要做动作，那仅仅也只是收腿越过车体，不让车绊到自己。另外切记扔车一定要向两侧，而不是前后。

2.落地。落地前身体一定要放松，使肌肉和关节不紧张、灵活性高，缓冲性好。

3.支撑。支撑指的是肢体（手和脚）为了很好的缓冲对地面的碰撞力而做出动作、暂时维持一下身体姿态，为身体的全面着地作出充分的准备。或者是落点处有其他物体，如大的石块，树枝等。为了避开这些东西，此时做一下支撑动作是非常必要的。支撑一定是软支撑，也就是肢体关节（肘关节、膝关节、手腕、脚踝）适当弯曲，有一定的角度，同时要靠近身体来弯曲，这样才能有效缓冲撞击力。如果肢体伸直了也就形成了一种硬碰硬的局面，这样的错误支撑方法将会直接造成肢体脱臼、骨折等伤害。所以，不合理的支撑动作还不如不支撑，这句话在体育运动中非常盛行，也是非常合理的自我保护技术理论。

4.躯干落地。不管怎样，一定要避免身体正面着地。正面着地的后果是非常严重的，面部、四肢都是直接受损部位，伤害程度也为最大。所以在落地前，通过转体来改变身体姿态，让肩背部着地，然后再加上顺势的翻滚动作，这才是有效的落地缓冲动作。肩部着地的正确方位是肩关节的侧后方靠近背部的位置，如果是肩前或正侧方着地，一是锁骨会因为承受力差而断裂，二是肩关节容易错位。而背部着地是很好的落地方式，因为背部的肌肉厚度较大，同时天生的拱形可以有效的抗冲击、保护内脏。背部着地的同时要注意颈部向前弯曲，保护头部后方。要领是着地时心里想着眼睛看着自己的肚皮，这样才不会让后脑部碰撞地面。

5.翻滚。翻滚可以合理地消除身体着地后向前的惯性冲力，此时要做到身体放松、手臂交叉放在胸前保护胸部，腿部并拢自然弯曲。头部还是要保持向前的弯曲，避免翻滚过程中的再伤害。翻滚方向也最好为侧向，视野不会受到大的影响，头部也有很好的保护。如果开始时是正前或正后方的，那就尽快改变方向改为侧滚。翻滚结束后要避免后面跟近车辆撞到你。

●小贴士

据近年来研究的结果表明，骑自行车和跑步、游泳一样，是一种最能改善人们心肺功能的耐力性锻炼。进行骑自行车锻炼时，要注意正确的骑车姿势。首先要调整好自行车鞍座的高度和把手等。调整鞍座的高度可以避免大腿根部内侧及会阴部的擦伤或皮下组织瘤样增生。调整把手可以有助于找到避免疼痛的良好姿势。踩踏脚板时，脚的位置一定要恰当，用力要均匀，如果脚的位置不当，力量分布不均匀，就会使踝关节和膝关节发生疼痛。此外，还应经常更换手握把手的位置，注意一定的节奏，可采取快骑与慢骑交替进行。

骑摩托车遇险自救

●现场点击

昨天凌晨，在某县车管所附近路段上演惊险一幕，一辆大货挂斗车与一辆摩托车发生碰撞，在发生碰撞的刹那间，摩托车驾驶员陈某果断跳车，死里逃生。

"多亏我反应快，捡了一条命！"作为高中生的陈某回忆说，"现在放暑假，我每天早上5点多都去工厂接下夜班的妈妈，昨天出事的时候我走的是直道，60迈左右骑行，前方无车，此时对面60米远处一辆大货挂斗车打灯进行左转向，我及时刹车换挡减速至30迈左右等他转过方向，没想到事故就发生在他转过之后，他转过之后，我认为他也要直行，所以仍保持着30迈的速度，没想到他忽然继续朝左转向，这时我离他车已经不足5米，他车头已经完全封住我的前进路线，我急忙捏紧前刹，本能的朝左打了方向，车身滑倒那一瞬间我跳了车，我的车被挂斗车前轮压过，发动机还带着后轮一直转动"。

●专家点评

骑摩托车的人多在交叉路口出事，伤亡通常比汽车意外更为严重。在摩托车与其他车辆相撞的事故中，不少车主都是准确判断形势，跳车逃生，挽回一命。对车周围的任何事物都保持警惕，其实我们的安全大多时候都取决于事故发生的前1秒。

●专家提醒

骑摩托车安全守则：

1.驾驶摩托前一定要戴好安全头盔，系紧扣带；为防止沙尘进入眼中可戴风镜或墨镜；皮手套、靴子等都颇具保护功用，最好全套齐备。

2.穿颜色鲜艳的紧身衣服。夜间要用萤光腰带或背心，便于操纵和增加汽车驾驶员的注意。

3.超车前，闪亮前灯让别人注意。要正确使用转向灯，及时给行人车辆以信号警示。

4.不要在道路内侧超车，前面的司机可能不防有摩托车开上来而驶靠路边或拐弯。

5.前面的汽车拐了弯，随后一辆车的司机看不见靠近路边要直驶的摩托车，就可能跟着拐弯，这样十分危险。

6.成队行驶时，不可列成直线。左右行驶则视野更佳，制动距离也较大。

7.在晴天，每里时速有一码（每公里时速有一公尺）制动距离已属安全；天气潮湿，制动距离要加倍。

8.路面坚硬干燥，刹车时前制动器要比后制动器拉得紧；在坚硬潮湿的路上，前后制动器拉力应一致。

9.拐弯时车侧向一边，或在有泥沙石屑的路上行车，不可使用前制动器。

10.上坡前可利用车辆惯性并加大油门冲坡，若发现发动机转速下降，应迅速减挡，确保发动机不过载。下坡时，要控制所选择的挡位，以利用发动机"制动"，切勿将挡位转入空挡。弯道视野受限，必须严格执行行车路线规定，不能逆向行驶，以免与来车相撞。

11.要用好后视镜，勤观察车后路况，当逆风行驶时，摩托车驾驶员有时会听不到后面的汽车喇叭声。

12.要尽量减少所驮物品的体积，尤其是那些体积较大而质量较轻、易受风力影响的物品。

13.停车后要检查灯光、电器有无异常；发动机等有无渗油或异常声音；关闭电路，锁好车；关闭油箱开关。

14.停稳车辆，最好用中心支撑停车，减少轮胎负荷，延长轮胎寿命。

15.远离火源，不让人靠近摩托车点火吸烟。

16.行车中感觉摩托车有异常时，一定要停车检查。

●小贴士

1.在雨天和雪天行驶。如遇低洼段积水，在确有把握时，应低速通过；若遇大水漫过路面，应充分了解路面是否被水冲坏，不要盲目涉水。在复杂山路上遇到特大暴雨时，为防止山石滚落、悬崖塌方，应选择安全地点将车停好，打开小灯，以引起行人和其他车辆的注意。总之，雨中行车，一定要减速行驶，并注意观察路面、行人及过往车辆情况，与前车保持一定的间距，尽量避免紧急制动。

2.在风尘天气中行驶。刮风时，风中的沙尘会影响视线，风声还会影响听觉。因此驾驶员应注意风向，并减速行车。当风力较大时，应注意风向风力给行车带来的影响，特别是风向与行车方向的夹角较大时，会造成车辆侧滑或翻车，这时应暂停行驶，待视线清晰后再继续行车。

3.高寒地区行驶。高寒地区气温低，路面常有冰雪，要做到慢起步缓加速。行车时穿着应注意保暖，以防受冻引起肢体麻木，操作不灵，造成事故；中途停车作短暂休息时，发动机不必熄火；晚上应将车放在室内，要特别注意保护好蓄电池，以防冻裂。

汽车落水自救

●现场点击

昨天，学生张某和家人等十多人到郊外踏青，晚上19时许，他们分乘3辆车回市区，张某所坐的货车在最后行驶，车辆行驶至某桥头时突然坠入水库，此时，桥边工地上的工人发现有车掉进了水里，纷纷赶过来援助。可由于拉了一车青菜的货车太重，不一会整辆车全都沉了下去。没人知道车上的人是否还有生还的希望。正当大家急得不知道该怎么办的时候，张某和司机从水中伸出了脑袋。看到他们奇迹生还，几位水性好的工人赶紧下水去救。可是由于水冰冷刺骨，此时张某也已体力不支，身体渐渐下沉，看上去命悬一线。就在这个紧要关头，几名工人灵机一动，找来一根粗木棍，上面用绳子绑好后扔给前去救援的工人，等他们抓紧绳子后，七八名工人合力一拉，终于将张某和司机给救上岸来。司机被救上来后冷得直打哆嗦，头部也被撞开了一个大口子。司机说，"我们真算是命大，要不是当时车窗是打开的，我和张某就要被活活闷死在车里"。随后大家赶紧将他们送往医院。

张某当时被救上来时人晕了过去，在医院醒来后，他说，"因为上桥时我感觉有点热，就把窗户打开了，不想这一举动竟救了自己一条命。"

● 专家点评

在本案例中，如果车窗是关上的，以货车的重力掉入水中后会迅速下沉，水的压力会使窗户无法打开，张某和司机很难逃生。汽车掉落水中后就犹如一个铁笼，车内人员如果不及时逃出，将容易被困死其中。车辆落水后保持镇定、积极措施自救，是成功逃生的保证。推开车门逃生是最直接、快速的自救方法。

● 急救措施

如果万一车辆落水应该怎么办呢？最重要的一点——尽快离开车辆。

1. 其实汽车落水，通常仍有1~2分钟在水面上，如车头负载引擎，便会先由车头开始下沉。车辆落水后，水会慢慢涌入。车内乘员有足够的时间逃生。事主在此情况下，最重要是保持冷静，评估形势，然后用适当方法逃生。

2. 首先解开安全带，如无法解开，找尖物割开。

3. 要利用乘座舱尚未完全进水的宝贵时机，判断水面方向，一般来说，有亮光的方向为水面方向。

4. 推门就跑。车辆刚落水时，车门最容易打开。直至水面超过车门钢板高度五成，压力逐渐增加。但是，随着车门被推开，水会涌入车中，帮助平衡压力。

5.如果车门不能打开，手摇的机械式车窗可摇下后从车窗逃生。

6.对于目前多数电动式车窗来说，落水后很可能因为短路无法打开，确实无法打开的话，也可以采用砸窗的办法。注意两点：

第一，挡风玻璃是砸不穿的，一定要砸侧窗。

第二，在水中，无论是高跟鞋，还是逃生锤，都很难击碎侧窗玻璃。究其原因，车内空间有限，高跟鞋、逃生锤的力臂较短，力量难以放大。水的阻力粘滞了手臂挥动的速度，甚至如气垫一般卸去了敲击的压力。倒是便宜的钉锤或者车用灭火器，比较有效。

7.离开车的时候，尽量保持面朝上，这样通常比较顺利。

8.离车后应尽快浮上水面——如果你不会游泳的话，离车前应在车内找一些能漂浮的物件抓住。

● 小贴士

汽车落水逃生误区

1.不要在水压很大的时候去敲碎玻璃。玻璃一碎，水就会夹着碎玻璃冲向车内，对车内人员造成伤害。

点评：与被破碎的玻璃划伤皮肤相比，显然是逃命重要。

2.汽车入水过程中，车头较沉，车尾上翘，应尽量从车后座逃生。

点评：哪里直接快捷方便哪里逃。

3.如果有条件，可找大塑料袋套在头上，在脖子处扎紧，塑料袋内的空气可以用作上浮的氧气。

点评：不要浪费时间了，快就好。

4.不要在水刚淹没车时开车门，要等到乘座舱快要灌满水，内外的压力基本相同时，再开门逃生。

点评：逃生还是要趁早。

5.打开天窗，从天窗逃生。

点评：如果天窗可以打开，说明全车有电，不如直接打开车门锁，或者落下车窗逃生。除非天窗事先是开着的。

汽车火灾逃生自救

● 现场点击

2006年3月份的一个周末，在学校住宿的正在上高三的张小虎和正在上高一的妹妹张小倩乘坐大巴车回家。大巴车刚刚行驶到国道上，司机发现发动机处冒出黑烟，便停下车打开引擎盖，想看看究竟，不料高热的发动机接触空气后突然引发明火，并向车厢中部蔓延。车内乘客顿时惊呼着乱成一片，纷纷逃向车厢后部。由于混乱，车门的控制系统受损，无法打开。两名司机从前窗跳下车后，立即拿救生锤和石头砸破车窗玻璃营救乘客。此时，车厢内尽是熊熊烈火和滚滚浓烟，被困车内的乘客们只能跳窗逃生。张小虎见状马上挥拳打碎妹妹一侧的车窗玻璃，然后一把将妹妹推出车外，张小倩出来后在车下大喊："哥哥！快跳下来！"张小虎对妹妹喊道："快离开车远点！我去救其他人！"于是张小虎回身又连续地打碎了离他较近的车窗玻璃，把车里的几个比他妹妹还要小的小孩抱出窗外。这时候火势越来越猛，张小虎的夹克已经被点着了，张小虎马上脱下上衣，他的手臂上被车窗玻璃划的鲜血直流，张小虎还想再去救其他人，可是由于车里的烟雾越来越浓张小虎终于倒在车内，万幸的是这时警察赶到了，冲上车把张小虎抬了出来。

● 专家点评

汽车自诞生之日起，就有火灾事故发生，给生命和财产造成损失，留下深刻的教训。为此，掌握汽车火灾的扑救和逃生方法很有必要。上述事件是引擎着火，司机应迅速停车，切断电源，取出随车灭火器，对准着火部位的火焰及根部正面猛喷。但是司机没有使用灭火器，这是司机的一大疏漏。在车门无法开启时，司机用救生锤石头砸破车窗玻璃营救乘客还是十分正确的。张小虎的勇敢行为更是值得我们钦佩的，但是同学们一定要记住我们要在保护好自己的人身安全的前提下再去营救其他人。

●急救措施

当乘坐的公交车发生火灾时，千万不要惊慌失措，要保持头脑冷静。寻找最近的出路，比如门、窗等，找到出路立即以最快速度离开车厢。着火部位在中间或车门被火焰封住的，可用衣物蒙住头冲出去。如果乘坐的公交车是封闭式的车厢，在火灾发生的时候应该迅速破窗逃生。现在封闭式公交车均配备有破窗用的救生锤，可以在危急时刻砸碎车窗逃生；如果没有找到救生锤，可以利用一切硬物来砸碎车玻璃逃生。衣服如果着火，应立即脱下衣服，用脚将火踩灭，来不及的，相互间可用衣物拍打，或用衣物覆盖火势窒息灭火，或就地打滚滚灭衣上火焰。要在确保自身安全情况下扑救火灾，火势太大，无法控制的应远离现场。站在车后方，向后面的车示意，拨打119等待救援。另外身边可常备一把小裁纸刀，一旦遇到汽车事故或者火灾，安全带有可能变成"杀手带"，成为逃生时的一大阻碍。一把小刀可以化险为夷。

汽车车祸自救

●现场点击

9.日晚，刘伟和父母驾车从姥姥家回来，当车祸发生时，刘父在驾驶位置上，刘母在副驾驶位置上，而刘伟正好在后排睡觉。

"一下猛撞之后，我以为完了，但奇迹般的，我没受伤。我赶紧推在前排的爸妈，但都没吭声。"刘伟回忆，当时四周没有路灯，车厢中一片黑暗，他完全失控，一边疯狂地推搡，一边大哭起来。"好疼！"也不知道过了多久，刘母突然痛苦地呻吟了一声。"妈妈还活着！"刘伟心中狂喜，由于车头变形，现场又一片漆黑，刘伟第一个念头就是爬出去。

刘伟花了足足半个小时，在敲碎了车侧面的玻璃之后，才硬生生地把妈妈拉了出来。而此时，刘母已经全身是血，腰也直不起来。刘伟看见不远处有灯光，于是便跑了过去，发现这里是一个食杂店。店主见此情景马上打电话报案，不一会儿，救护车把刘伟一家三口送到了医院。

● 专家提醒

本案的车祸事件中，由于车头已经严重变形，刘伟不可能将车辆熄火，他所能做的，就是尽快逃生请求救援。在这里专家特别提醒，车祸中骨折是最常见的，这时最怕家人或其他非专业人士在营救过程中乱动伤者或错误包扎。骨折后的随意移动都有可能影响以后的恢复，血管和神经也可能受到伤害。所以，如果不专业或者缺乏条件，还是等待急救医生赶到。

● 急救措施

汽车翻车时的紧急避险措施。

翻车一般发生在道路转弯处，多是由于转弯时车速过快而导致。在车辆翻车时，一般都会有相同的征兆，如感到车身慢慢倾斜，身体前倾或后仰，车头或车尾翘起或下沉等，车内人员应根据征兆及时采取自救措施：

1.翻车时，应迅速蹲下身体，紧紧抓住前排座位或其他固定物体，身体尽量固定在两排座位之间，随车翻转。

2.如果车辆是呈缓慢的翻车状态，则可抓住时机跳出车厢，跳车时不可顺着翻车的方向，以避免被汽车压伤，应与翻车相反的方向跳出。

3.如果在感到不可避免地要被甩出车厢的瞬间，猛蹬双脚以增加外甩的力量，以便加大离开危险区的距离。落地时，力争双手抱头顺势向惯性力的方向多滚动一段距离，以尽量躲开车体。

发生翻车事故后，如果你还在车内，这时最重要的是要将车辆熄火，避免发生燃烧、爆炸等危险。当汽车停下后，再进行如下步骤迅速逃生，以免汽车发生爆炸时遭受伤害。

1.如果乘客在副驾驶座，应双手撑住车顶，抬起双脚用力蹬住仪表台，将身体牢牢撑在座椅中。

2.单手将安全带解开，并向车门方向尽量收拢，以避免逃生时造成缠绕。

3.如果车门因变形或其他原因无法打开，应考虑从车窗逃生。如果车窗是封闭状态，应尽快敲碎玻璃。由于前挡风玻璃的构造是双层玻璃间含有树脂，不易敲碎，而前后车窗则是网状构造的强化玻璃，敲碎一点即整块玻璃就全碎，因此应用专业锤在车窗玻璃一角的位置敲打。

4.逃出车辆前一定要先观察道路状况，以避免再度发生意外事故。

● 专家提醒

如何处理车祸中的不同伤情？

1.当胸部剧痛、呼吸困难时，有可能是肋骨骨折刺伤肺部。肋骨骨折之后，如果碎骨进入肺叶，刺破肺泡，可能形成血气胸，引起肺栓塞，甚至导致死亡。如果车速过快、撞击力量过大，在撞车的瞬间，收紧的安全带也可能造成肋骨骨折。

急救方法：如果怀疑骨折，伤者千万不要贸然移动身体，避免碎骨对内脏造成新的伤害，同时打手机求救或者大声呼喊请别人帮助。

2.当腹部疼痛时，可能是肝脾破裂大出血。肝脾破裂引发大出血时会有一定程度腹痛出现。这种疼痛并非难以忍受，很多伤者的神志仍会清醒。

急救方法：伤者要判断呆在车里是否安全，如果车子有起火等隐患，则要缓慢地离开车子。但最好不要长距离走动，同时动作要缓慢，即使是在等候急救车的时候也不要随意走动。

3.外伤出血。撞击或其他原因都会引起外伤并流血。颈部的血管是最重要的部分，如果流血，首先应对颈部实施急救。

急救方法：在大量出血时最好能用毛巾、三角巾等或其他替代品暂时包扎伤口，以免失血过多，再等待医务人员到来后仔细处理伤口。

4.肢体疼痛、肿胀、畸形一般是骨折。骨折后最忌讳自己乱动或是被别人错误包扎。骨折后的每一次移动都有可能对以后的恢复造成损失。搬动伤者前一定要确定伤肢不会发生相对移动，否则血管和神经都可能在搬动时受到伤害，对以后的痊愈造成不好的影响。

急救方法：如果请别人帮助包扎伤肢，最好找木板或是较直、有一定粗度的树枝，同时用三根固定带将两至三块木板在伤肢的上中下三个部位横向绑扎结实。

5.脖子疼的话，很可能是颈椎错位。如感觉自己颈椎或腰椎受到冲击，应坚持请专业医护人员搬动。人的脊柱中有很多神经，在不当的搬动中受伤的话很有可能形成永久性伤害，甚至瘫痪。

急救方法：在搬动颈部损伤病人的时候，施救人员要非常小心，要在有硬板担架的情况下用平铲的方式才能搬起，还要用颈托等固定。

● 小贴士

准备一个"逃生宝盒"

建议在车内准备一只透明的塑料盒，内装车用应急逃生工具，正常状况下放在车内便于拿到的地方。当遇到车祸车门无法打开时，乘员可从盒内取出锤子、割刀、螺丝刀等工具来割断安全带，击破车窗，撬开车门及时逃生。如果车祸发生在晚上，盒中的电筒还可供照明。这个小小的盒子看上去不起眼，危急关头却能救人性命。

其他汽车事故避险自救

● 现场点击

在某市的下午4点多钟，发生了如下危险的一幕。李师傅开着一辆巨型的水泥罐车，眼看就要撞上一辆公交车，于是连忙猛打方向盘，但还是来不及躲避，在车头紧急移开后，"砰"地一声巨响，罐车车身与公交车发生猛烈撞击。公交车司机撞车后被猛地甩出车外，载着乘客的公交车无人驾驶直奔轻轨柱台！

"被撞的瞬间，像是地震，我回过神来时挡风玻璃没了，但还来不及多想，车已经朝前方的轻轨柱台上冲去！"售票员说，挡风玻璃从车骨架上整体脱落，几秒钟前还掌控着公交车行驶的驾驶员此时已被撞"飞"出了车外，摔倒在地。此时，车厢内尖叫声、呼喊声连成一片，眼看车即将撞上台柱，正在驾驶座附近的学生方琳琳一个箭步跑上前去，狠狠一脚踩下了刹车。"吱——"一个急刹，公交车最终在距离轻轨柱台不到10厘米的位置停了下来。此时，事故现场叫喊声、哭声不断，车上三名乘客神情痛苦，马路上，头部满是鲜血的公交车司机按住出血口，正焦急地拨打着电话。很快，120急救车赶到现场，方琳琳和几名未受伤的乘客合力将伤者抬上救护车，送往医院接受治疗。

"还好这个女娃踩了一脚，要不然全车人都要受伤。"车上的一位老奶奶告诉记者，事发当时这路公交车上正装载着20多名乘客，老人、小孩就有5人。

●专家提醒

在本案例中，方琳琳在千钧一发的时刻头脑冷静，果断地踩下了刹车。同学们乘坐汽车遭遇突发事件的情况不在少数，比如汽车在铁道口抛锚；车轮陷在结实的雪地里；乘坐汽车时困在暴风雪中等等，那么掌握最基本的避险知识就可能在关键时刻挽救全车人的性命。

●急救措施

1. 在铁道口抛锚

火车撞着汽车，汽车里的人没有什么生还机会。因此，万一汽车在铁道口发生故障而无法开动，首先汽车上的人尽快下车，然后立刻通知铁路信号室。大多数铁道口设有紧急电话，越早报告信号员，越容易阻止火车驶到。否则发生碰撞，火车司机和乘客不免受伤。必须等信号员说没有火车开来，才可设法移开汽车。汽车移开后，马上通知信号员。

2. 车轮陷在结实的雪地或冰面上

找些东西垫在轮胎下，加强附着力，如垫子、碎石、树枝等等。轻轻踏下油门，能缓缓开动车子就够了。开动时可请同行的人帮忙推车。要站在车侧推，以防汽车向后滑撞倒人；尽量别走近驱动的车轮，否则车轮转动时会把雪块、污物等溅到身上。

3. 困在暴风雪中

在暴风雪中，或积雪太深，通常无法行驶。这时，最重要的是保持温暖、保持清醒。不要下车徒步求救，否则可能栽在雪堆里或在风雪中迷路，甚至冻死。趁积雪尚浅，先清除排气尾管周围的积雪，否则开动引擎使用取暖器时，有毒废气可能涌进车厢内。用衣服、毯子、布袋或地毯把身体裹起来，连头也要裹上。报纸可裹着四肢或塞进衣服里，有助保暖；也可折成帽子戴上。每小时开动引擎和取暖器约10分钟，暖暖身体。必须保持清醒。一打瞌睡，就容易冻伤或体温过低。不时打开背风的窗，使空气流通。不要喝酒取暖。酒精会使血管扩张，体热散失更快，而且喝过酒会容易打瞌睡。不时活动四肢，以保持清醒、促进血液循环，例如扭扭手指、脚趾，伸伸肩膀、脖子和膝盖。不要做剧烈运动，否则会增加吸氧、消耗体热，并且令人疲倦。不要经常开收音机或亮车灯，以节省蓄电池电力。如果积雪完全埋住车子，可打开窗用雨伞或棍棒之类的工具，向外捅出一个通气孔。如有几辆车同时被困，应联合起来，同坐在一辆车上，既可取暖，又能互相帮助，提起精神。

4.汽车悬空

行车中，一旦出现汽车悬空停住时，乘客应根据当时情况，选择既安全又不使车辆失去平衡的一侧车门脱离汽车。离开汽车后，要仔细观察车辆的险情，并视情况采取相应的措施。如果车辆有倾覆坠崖的危险，应用绳系住车身并拴在路边树木或桩上。

● 小链接

最早的汽车：世界汽车史上公认最早的汽车发明人是卡尔·奔驰和戈特利布·戴姆勒。1886年1月29日，卡尔·奔驰以一辆汽油发动机三轮车获得汽车制造专利权。这一天被公认为世界首辆汽车诞生日。

最早的警车：1903年夏天，美国波斯顿警察局购买的一辆斯坦雷蒸汽汽车，是最早的警用车。这种车被用来代替巴克贝伊地区一直使用的4匹马拉的警车。

最早的消防车：有记载的世界上最早的消防车，是1518年受德国奥格斯堡市的委托，由装饰工安东尼·布拉特纳制造的。1898年10月，在凡尔赛举行的法国重量车比赛大会上，展出了法国里尔坎比埃公司制造的世界最早的消防车。

最早的电动汽车：1847年，美国的法莫制造了第一辆无导轨蓄电池为动力的电动汽车。1880年，法国的卡米·福尔最先制造出利用蓄电池作动力的、实用的电动汽车。

最早的电车：1879年，工程师维尔纳·西门子在柏林博览会上表演了"技术的奇迹"——借助电动机在专门铺设的轨道上运行的客车，于是德国出现了有轨电车。1882年，在柏林诞生了世界上第一辆无轨电车。

最长的轿车美国加利福尼亚州改装的"超级大型车"尤·里摩（UltraLimo）是目前世界最长的轿车之一。它是用通用汽车公司的凯迪拉克（Cadillac）改装而成的，车身长达21.93米，7.265吨重。该车有28个座位，有9对车轮。车内陈设极其豪华，并设有电脑控制的自动化酒吧间柜台、电话、音响系统、卫星电视，还有盥洗室、微波电炉等。更为奇特的是车后还有一个小型游泳池，盖上盖后，可作为直升飞机升降台。

　　最大的载货汽车：福特公司加拿大分公司生产出的一种巨型"大力神式"载货汽车，车长20.5米，宽7.75米，自重250吨，可以装载600吨货物，发动机功率为2425千瓦（3300马力），共有10个车轮，每个车轮高3.5米。

　　最大的搬运汽车：美国搬运土星5号火箭的搬运汽车，长35米，高6米，自重2700吨，当它载运土星5号火箭时，总重量为5400吨，只能以1.6公里的时速缓慢地把火箭运往发射场。

如何处理事故现场

●现场点击

　　春节时段的一天凌晨，学生胡彪和父亲从亲戚家串门回来。胡父开车经过一段高速公路施工现场时，路边发生车祸，胡父下车看到现场有人受伤后，马上报警并与胡彪进行救援。当二人把两位重伤者抬到自己车上正要离开时，迎面驶来的一辆丰田吉普车重重地撞到自己车上，胡彪当时被撞成重伤。随后，胡彪和其他几位受伤者立即被赶来的120急救人员送往医院，在经过20多个小时抢救后，终于挽回生命。伤愈后，胡彪还时常觉得头痛，精神不能集中。胡彪的父亲说："我当时想也没想，就跑下车去救人。但是我很后悔没有注意现场是否安全，还把自己儿子搭了进去。"

●专家点评

　　胡彪看到一宗车祸，就毫不犹豫地跑下车去救人，这种精神值得肯定，但是他忘了交通意外拯救守则最重要的一条：先确定现场是否安全。首先抵达车辆事故现场的人，切忌不顾现场环境就去抢救伤者，否则自己或自己的汽车也会给其他车辆撞到，事故闹得更大。因此，援救别人时，先要竖起警告标识，提醒其他驾车人，以策安全。竖起警告标识后，应立即报警，接着料理伤者。

●专家提醒

交通意外拯救守则

1.自己停车在出事车辆后约10米处，亮起危险警告灯号，前轮转向路边。如在夜间，还要亮起前灯照着出事车辆。如出事车辆着火，把自己的车停在稍远地点，因为燃油箱会随时爆炸。

2.向往来的车辆示警并寻求帮助。如果你是单独一个人，一定要随时注意现场安全，因为车祸发生地点多是容易发生意外的路段。你可以挥手叫后面来的车辆停靠路旁寻求帮助。在晚上，用手电筒或浅色围巾截停车辆。迎面驶来的车辆也要截停，以免发生意外。如果有三角形警告牌，拿出来放在出事车辆后约100米处。双向行车路上，最好在车前方同一距离也放置警告牌。

3.察看牵涉多少辆汽车、伤人多少，并查看车辆内有没有人被困。

4.迅速报警，说出车祸的精确地点，报告涉及的汽车有多少辆、有没有汽车着火焚烧、伤者有多少、车内有没有人受困以及报警所用电话的号码等。警察有其他问题提出，应一一答复清楚，直至警方问完，再挂上电话。

5.不要吸烟，也提醒在场的人不要吸。即使远离出事汽车，也不宜吸烟。燃油箱可能破裂，渗出的汽油流到沟渠里或路面上，即使小小星火，也会着火焚烧。

●急救措施

如何救治车祸伤者？

1.救治伤者的先后次序依次为伤者昏迷，并且没有呼吸；大量出血者；昏迷而仍有呼吸的人。

2.对患者进行全面评估，观察患者有无呼吸、颈动脉和桡动脉（手腕上的）是否搏动、神志是否清楚。

3.不管患者神志是否清楚，也不管其他任何条件，不要轻易搬动患者，以防加重损伤。不过，要是伤者身处险境，如附近的汽车着火，或因伤者躺在漏出的汽油上，要把伤者移到安全的地方。

4.检查伤者呼吸道是否通畅，并解开束着颈部的衣物。替伤者轻轻盖上毯子或外衣保暖。

不要清除伤者脸上或身上伤口插着的碎片、玻璃，以免流血更多。

5.如果呼吸停止，脉搏摸不到，可进行胸外按压，即按压心脏，同时进行人工呼吸。

6.如果伤者有大动脉出血，可以使用压迫止血法，即按压出血处进行止血。

7.不要给伤者食物或饮料。甜的热茶只许给受惊过度的人喝，至于伤者或休克的人则不宜饮用。

8.巡查周围，看看有无人被抛出车外或倒卧在远处。安慰惊惶失措的人，告之救护人员正在赶来。

● 小贴士

高速公路上发生车祸怎么办？

高速公路上交通繁忙，驾车人在车祸现场停车会阻塞交通，专家建议不宜在车祸现场停车救人，而且路上的车开得快，贸然停车救人也有危险。可用手机或最接近现场的紧急电话报警求救。高速公路上每隔一段距离就有一个紧急电话，通常路肩都有标注指示最近的电话在哪里。公路上的紧急电话没有号码盘，只要拿起话筒，就会自动接到警察机关。说出电话机编号，以指出现场位置以及是什么交通意外、涉及车辆的数目及受伤人数。

火车、地铁火灾逃生自救

● 现场点击

乘客梁天每天都搭地铁上下学，今天他详细地描述了所乘地铁着火逃生的经历。"今天晚上6点30分左右，我从学校门口的地铁站点上车，坐在中间的车厢，第四个门的左边的第二个座位，我的同学坐在我旁边的位置上。大约行驶了几站，地铁列车正打算关门的时候，听到'嘭'的一声响，因当时我正在打磕睡，迷迷糊糊地想是不是有小孩掉车下了，还是地震了。等我清醒过来，看到所有人都往外跑，我不知道怎么回事，站起来也打算跑，但是人太多了，我在门旁边都出不去。我的同学就在后面往出推我。我也就在他的一推一推的情况下出来了，然后我又回身把他拽了出来。当时特别挤。再回头看，从车下面已冒出黑烟，我同学说是着火了，但情况可能不太严重，当时站台都满是人，还有从栏杆上往外跳的，一片混乱。这时我感觉手有点不对劲，一看中指和无名指已经被挤流血了。好多人都往出口处跑，入口处还有进的，我当时就想着出地铁，我同学说，'现在不行，人太多，容易挤到。'我们等了有一分钟，等人出得差不多了，我们也就出来了。"

●专家点评

地铁火灾之所以危害性大，除了地下空间狭小、疏散相对困难外，还有浓烟扩散、氧气供应不足等原因。因为高温浓烟的流动方向和人的逃生方向往往一致，但浓烟扩散速度更快，容易造成重大伤亡。如果地铁发生火灾，经常参加过类似演练和有一定经验的乘客就会很自觉的配合地铁内部工作人员进行疏散，自觉拿着防烟防毒面具或毛巾口罩边疏散边保护自己，即使一时拿不到也会用自己的手帕或脱去外衣用衣服或手护住口鼻，低姿态疏散，而不会像梁天所经历的场面那样——所有乘客惊惶失措、乱作一团。

●急救措施

一、乘坐火车发生火灾事故时，如何采取应急措施？

1.要有防范意识，积极采取防范措施。不要惊慌失措，要头脑清醒，沉着冷静。

2.火灾发生后，要迅速跑到车厢两头连接处，找到链式制动手柄，按照顺时针猛旋转，迫使列车迅速停车。也可找到车门后的制动阀手柄，向下用力猛摇紧急制动阀手柄，迫使列车马上停车。

3.火灾发生在车厢内时，要立即关闭车窗。因为在列车运行中，风速相当大，如果不立即关窗，火借风势，会越烧越旺，火情会越来越严重，损失也会越来越大。

4.发现火灾无法扑灭时，要立即顺着列车运行的方向撤离火源。因为列车向前运行，火势会向后部车厢蔓延。

5.发现火灾无法扑灭，又无法顺着列车运行的方向撤离火源时，只有在万不得已的情况下才能设法跳车，切莫一遇火灾就盲目跳车，造成伤亡。跳车时，要朝火车前进方向前侧跳，落地时向前打滚或趴下。

二、乘地铁发生火灾事故时该怎么办？

由于受地铁特殊性的限制，地铁发生火灾允许乘客逃生的时间一般只有5分钟左右。地铁一般都有完善的防火、灭火设施：在每节车厢前后部位，均贴有红底黄字的"报警开关"标志，箭头指向位置即按钮位置。发现车厢起火，或有异味、烟雾等异常情况，应迅速按动车厢两端设置的报警器报警告知司机，同时立即拨打119，争取救援。乘客将按钮向上扳动就能通知地铁列车司机，地铁司机就能及时采取相关措施进行处理。另外，车厢内都有灭火器，干粉灭火器配备在每节车厢的两个内侧车门的中间座位下，上面贴有红色"灭火器"标志。可在第一时间内，将小火消灭在萌芽之中。每个地铁站都设有事故照明灯，随处可见清晰的"紧急出口"标志。

地铁列车两站之间的平均到达时间为两分钟。列车到站时，要听从车站工作人员的统一指挥，沿正确逃生方向进行疏散。在疏散过程中要注意脚下异物，千万不能进入另一条隧道（地铁是双隧道）。地铁的隧道很窄，灾难发生时可能会被对面方向的驶来的车辆压伤，而且有些铁道有高压电通过，沿着铁道走也有触电的危险。最好的方法还是尽快从发生火灾的车厢逃到其他车厢，等列车靠站时再逃到最近的站台。

如果火灾引起停电，可按照应急灯的指示标志进行有序逃生。注意要朝背离火源的方向逃生。司机应尽快打开车门疏散人员，若车门开启不了，乘客可利用身边的物品击打破门。同时，将携带的衣物、毛巾沾湿，捂住口鼻，身体贴近地面，再有序地向外疏散。一旦身上着火，千万不要奔跑，可就地打滚或请其他人协助用厚重的衣物压灭火苗。

火车事故避险自救

●现场点击

陆大有是某高校的一名大二学生，这次暑假准备去同学那玩儿，列车翻车时他正在车厢的上铺睡觉。

回忆事发的经过，陆大有说，当时自己正处于熟睡之中，忽然觉得列车剧烈地晃动起来，车厢内的灯也变得忽明忽暗，还没等明白怎么回事，轰地一声车厢就开始剧烈翻转。

"车厢翻转的时候我也从卧铺上滚了下来，整个人就像一只绑在绳子上的蚱蜢，没有方向地被列车甩来甩去，头和身子被车厢里的硬物碰了好几下，也不知道碰到了什么，整个人好像除了心跳之外没有知觉了，现在回想起来，似乎连当时其他乘客叫救命的声音都没听到。""车厢翻滚了大概有一分钟左右，可能实际没那么长，只是我感觉很长，剧烈晃动的车身才停下，我当时已经瘫得不敢动，等了好久才确定车子已经停了，不会再翻了，睁开眼却发现车厢内的灯早就停了，到处一片漆黑，周围的旅客有叫救命的，还有一个女孩的尖细的声音在哭喊找人，车厢里已经乱成一团，到处是被甩出来的被子、枕头、矿泉水瓶子、报纸杂物等等。""我缩在原地大概有两三分钟，隐隐觉得前方有一点光亮，就下意识地往那边爬，没想到腿上根本没力气，完全是麻的，后来双手慢慢揉了揉腿，恢复了点力气后才爬得动。爬了大概有几分钟才到光亮的地方，才发现原来那里是车厢翻转的时候被撞出来的一条大裂缝，自己就拼命从缝里爬出来了。"

陆大有说，当他爬出来之后，自己所在的车厢里陆续又有六七个人爬了出来，有些人爬出来了就坐在地上喘气，有一个男的自己爬出来之后还对着缝隙喊，似乎是在叫另一名同伴出来，"我当时人也是懵的，也不知道接下来该做些什么，看到后来陆续有旁边的农民扛着锄头过来打碎玻璃救人，才想到要去帮忙，但人已经瘫了，完全没力气，后来就被120急救车救走了"。

● 专家提醒

一般来说，火车出事的概率不大，通常发生的事故有两类：与其他火车相撞或者火车出轨。但是如果不幸遇到火车失事，车厢翻转的时候，你可能只有几秒钟的反应时间。陆大有所描述的火车翻车现场涉及到了火车发生事故时大部分应该注意的情况，比如说甩出的杂物，慌乱的人群等。当火车事故发生时，乘客几乎不可能完全不受伤，那么就让我们看一下怎样的防护措施能尽量减少事故造成的伤害。

● 急救措施

出轨的征兆是紧急的刹车，剧烈的晃动，而且车厢向一边倾倒。在判断火车失事的瞬间，应采取如下措施：

1.在座厢时，如果火车发生倾斜、摇动、侧翻，而且如果有足够的反应时间，就应该平躺在地上，面朝上，手抱后脖颈。在此时，快速反应是防范金属扭曲变形、箱包飞动、玻璃破损飞溅受伤的最佳求生办法。如果时间来不及，脸朝行车方向坐的人要马上抱头屈肘伏到前面的坐垫上，护住脸部，或者马上抱住头部朝侧面躺下。背朝行车方向坐的乘客应该马上用双手护住后脑部，同时屈身抬膝护住胸、腹部，抵抗撞击力。

2.发生事故时，如果座位不靠近门窗，应留在原位，抓住牢固的物体。若座位接近门窗，就应尽快离开，迅速抓住车内的牢固物体，以防被抛出车厢。

3.在通道上的人，应该脚朝火车头的方向，两手护住后脑部，背部贴地躺在地板上，同时用膝盖护住腹部，用脚蹬住椅子、车壁或任何坚实的东西。如果车内拥挤，屈身蹲下，双手抱在脑后，以防冲撞和落下的杂物击伤头。

4.晚上发生事故时，硬座的人更容易被惊醒，反应更快速。硬卧车厢中，人睡在上铺相对危险些，当列车追尾或者颠覆时，就很容易掉下来。此时抓住车内的牢固物体并保持放松的静卧状态。但是要注意头上的行李架和行李所带来的危险。

5.在厕所里，应背靠行车方向的车壁，坐到地板上，双手抱头，屈肘抬膝护住腹部。

6.经过剧烈颠簸、碰撞后，火车不再动了，说明火车已经停下，这时应迅速活动一下自己的肢体，如有受伤先进行自救。一般说来，紧靠机车的前几节车厢出轨、相撞、翻车的可能性大，而后几节车厢的危险性小得多。车厢连接处是最危险的地方，故不宜停留。

7.火车停下来后，不要贸然在原地停留观察，因为车厢起火爆炸的情况很可能发生。如果无法打开车门，把窗户推上去或将装在紧急物体箱内的锤子拿出或采取各种方式打破窗户爬出去逃离车厢。但是你要时刻注意，碎玻璃是非常危险的。

8.火车出轨向前行进时，不要尝试跳车，否则身体会以全部冲力撞向路轨，还可能遇到其他危险。例如碰到通电流的路轨、飞脱的零件，或掉到火车蓄电池破裂而漏出的酸液上。

9.逃离失事火车后，要迅速撤离，不可在火车周围徘徊，这样很容易发生其他危险。

10.应设法通知救援人员。如附近有一组信号灯，灯下通常有电话，可用来通知信号控制室，或者就近寻找电话报警。

空难求生技巧

● 现场点击

2009 年的寒假期间，周秀峰和他表哥一起去美国纽约的爷爷家过年。周秀峰和表哥坐在靠近紧急出口的靠窗位置，飞机一路上飞行得都很平稳。周秀峰的座位腿部空间稍微大一些，所以感觉很舒服，他一觉醒来发现飞机已经飞到纽约上空了。就在这时突然传来一声巨大的爆炸声，飞机开始来回摇摆，周秀峰发现飞机没有飞往纽约机场，而是朝哈德逊河上飞去。周秀峰心想："这下我们完了。"这时机长通过广播告诉乘客们做好迫降准备。周秀峰开始考虑一旦飞机落在水面上，他该做什么。周秀峰对自己说："你坐在这个座位上，你就要将门打开。"随后周秀峰开始阅读紧急逃生指南，一共有 6 个步骤，他读了 2 遍，然后在心里默默测试每个步骤。飞机快速朝水面冲去，周秀峰系紧安全带，将整个身子包在大衣里。接着，飞机撞到河面上，乘客们被从座位上弹起来，然后落下。很多人鼻子流血，眼睛撞到前面的座位上。周秀峰的第一念头是："飞机要下沉了，我们必须尽快离开这里。"周秀峰的表哥试图向里拉紧急逃生门，周秀峰告诉他："不对，要向外推！"周秀峰想人们会争着冲向紧急逃生门，这样会造成堵塞，谁也逃不掉。于是周秀峰马上推开门，抓住表哥走到外面，站在飞机机翼上，彼此拉着对方保持平衡身体。河里的波浪拍打着机翼，使其不断下沉。周秀峰和他表哥尽可能地站远一点，让出地方给后来逃出机舱的乘客。

河水很冷，有人已经被河水淹到了腰部。过了大概 10 分钟，第一艘救援船到达现场。周秀峰的表哥想游过去，但是周秀峰马上告诉他，低温会让四肢在数秒内麻木，无法行动，于是他们还是等着救援船驶近他们才跳上船。

● 专家点评

搭乘飞机最易发生危险是起飞和降落的时候，在这两个时间发生的飞机失事占总数的十分之六。因此，起飞时应聆听乘务员讲解怎样应付紧急事故，并留意机上各种安全设施。空中常见的紧急情况有密封增压舱突然低落、失火或机械故障等。一般机长和乘务长会简明地向乘客宣布紧急迫降的决定，并指导乘客应采取应急处理。具体到上面的事例，随周秀峰阅读紧急逃生指南、系紧安全带、将整个身子包在大衣里以及向外推逃生门等行为都是十分符合空难自救措施的。

● 空难的自救措施

1.登机后认准自己的座位与最近的应急出口的距离、路线及其关启方法（机门上会有说明）。飞机万一失事，可能要在浓烟中找寻出口，把门打开。

2.把面前椅背袋里的紧急措施说明拿出来看一遍。

3.发生紧急事故时，要听从乘务员的指示。他们都受过严格训练，善于应付紧急事故。

4.脱下眼镜、假牙和高跟鞋。拿出口袋里的尖锐物件。若头顶部有重而硬的行李必须挪至脚旁。

5.如果机舱内失火，可用二氧化碳灭火瓶和药粉灭火瓶（驾驶舱禁用）；非电器和非油类失火，应用水灭火瓶。乘客要听从指挥，尽量使头部处于可能的最低位置，用饮料浇湿毛巾或手绢掩住鼻子和嘴巴，防止吸入一氧化碳等有毒气体中毒，走向太平门时尽可能弯腰或爬行，贴近机舱地面。

6.当机舱"破裂减压"时，要立即带上氧气面罩，并且必须带严，否则呼吸道肺泡内的氧气会被"吸出"体外。为了增加舱内的压力和氧浓度，飞机会立即下降至3000米以下，这时必须系紧安全带。

7.水上迫降时，要立即换上救生衣。空中小姐会讲解救生衣的用法，但在紧急脱离前，乘客仍应系好安全带。

8.飞机下坠时，要尽力保持清醒和求生意志，避免"震昏"。

9.机舱门一打开，充气逃生梯会自行膨胀。用坐着的姿势跳到梯上。

10.当飞机撞地轰响的一瞬间，要飞速解开安全带系扣，猛然冲向机舱尾部朝着外界光亮的裂口，在油箱爆炸之前逃出飞机残骸。因为飞机坠地通常是机头朝下，油箱爆炸在十几秒钟后发出，大火蔓延也需几十秒钟之后，而且总是由机头向机尾蔓延。

11.滑到地面后，尽可能远离飞机，不要折返机上取行李。如果自己或别人受伤，应该通知乘务员。

● 专家提醒

飞机失事的各种预兆：

升降时飞机失事通常十分突然，来不及向旅客发出警告，那么，了解飞机失事的各种预兆就十分必要了。

1.机身颠簸，飞机急剧下降。

2.舱内出现烟雾。

3.舱外出现黑烟。

4.发动机关闭，一直伴随着的飞机轰鸣声消失。

5.在高空飞行时一声巨响，舱内尘土飞扬，这是机身破裂舱内突然减压的现象。

● 小贴士

飞机迫降时的两种"防冲击姿势"

1.上身挺直，收紧下颌，两脚用力蹬地。

2.两臂交叉伸直，抓紧前面坐椅，双脚蹬地。

第四部分　户外活动

游乐场遇险自救

●现场点击

　　某游乐场内，就在过山车驶到最高处的时候，突然发生电力故障，正在运转的过山车顿时停了下来，倒挂在距地面大约十几米的半空中，车上游客全都头下脚上、被倒挂了半空中。当游客惊恐地发现过山车不动了时，上面的人开始大声呼救，其中有人拨打119报警。当时，18岁的学生肖锋和几名同班同学在这辆过山车上。"今天上午10点左右，我们来到游乐场玩过山车，以前我自己从来不敢玩，今天看到同学都想玩这个，我也买了一张票，可没有想到出了情况。"肖锋称，"当停电后，大家一开始都很惊慌，有一名胆子大的同学想要打开安全压杠然后爬下去。因为我胆子小，在乘坐之前仔细阅读了安全须知。上面明确写着碰到突发停电导致悬空或不能离开设备时，一定不要乱动，要耐心等待管理人员处理和救援。千万不要解除安全防护装置或跳离设备，这样的话更容易发生伤亡，并且游乐园的供电系统也有备用设备。因此，像这种情况，最重要的是听从工作人员安排"。肖锋说："我就这样大头朝下的向车上的游客解释了一番，打消了同学想爬下去的念头。"不一会儿，消防人员们使用云梯靠近了被困在过山车中的众乘客，他们在供电系统恢复之前，就将所有乘客全部救了下来。

●专家点评

　　过山车上安装有防倒装置，即使停电的同时发生机械故障，过山车也绝不脱离轨道。如果不是人为原因，倒挂时乘客的安全压杠也不会松开。本案例中的肖锋认真了解了安全须知，在出现紧急情况后自觉遵守了各项制度和规定，并安抚了其他乘客的紧张情绪。为了保证安全，专家特别提醒：在游乐场所游玩不要乘坐无使用登记证、无定期检验合格报告、无安全注意事项和警示标志的游乐设施。注意操作人员有无持证上岗。

●专家提醒

游乐场所是人们常去的地方，但是游乐场所又不可避免地存在一些危险。为确保游客在游乐中的安全，游客在游乐中务必注意以下事项：

1.游客在乘坐游艺机前，首先应阅读《乘客须知》，根据自己的身体条件，确定自己是否适宜游玩。有些游艺项目让人感到惊险、刺激和新鲜，往往具有快速、高空旋转、翻滚等特征，容易使游客头晕目眩、胆颤心惊，患有恐高症、心脏病、高血压、贫血、颈椎疾病者，孕妇、高龄老人和酒后游客不宜乘坐。少儿乘坐游乐设施大人一定要陪护。

2.游乐设施种类很多，有观览车类、滑行车类、陀螺类、飞行塔类、转马类、赛车类、碰碰车类、水上游乐设施等，按《特种设备安全监察条例》规定，这些设施都必须定期检验合格才能使用。对缺少安全装置的游乐设施，请不要乘用。

3.游客在游玩时须将贵重物品和手提包等存放在寄存处或交同行者。

4.游客在乘用时要听从工作人员指挥，按规定配用安全装置和用具。如安全带、安全压杠、安全门等。不要擅自进入隔离区。

5.游客在游乐时严禁私自解除防护装置，在运行中，头、手等身体部位不要探伸到设备外，不能携带棍棒等物。

6.在乘用水上游乐设施时，不要离开设备，严禁两船相撞、跨越、戏水等不安全行为。如划船等，特别注意不能超载。乘用高空设备时，不要抛物。

7.在运行中，如有不适，请立刻用手势和表情向工作人员示意，工作人员将及时对机器进行紧急停止，并视具体情况安排身体不适的游客休息或者治疗。

8.碰到突发停电导致设备悬空或不能离开设备时，一定不要乱动，要耐心等待管理人员处理和救援。千万不要解除安全防护装置（擅自解开安全带、打开安全压杠）或跳离设备。游乐园的供电系统一般是两条电源线双向送电，如果其中一条电源或者线路出现问题，几秒钟后另一条线路将主动合闸送电。另外像大观缆车和空中摇滚等项目还另外配有发电机。因此，即使大规模的停电造成了游乐设备停机，只要听从工作人员安排，完全可以保证启用机械、手动、备用电机等动力将游客安全地引导到安全的地方。

9.游艺机未停稳，游客不得擅自跳离游艺机，以免发生意外。游乐结束时，待设备停稳后，再解除防护，离开设备。

10.有的游乐场所内有部分项目电源开关距地面太近，稍微大点儿的孩子伸手就可以触摸到，家长要注意提醒孩子别触电。

11.游乐园一旦发生火灾，乘客往往由于被安全设备固定在座位上动弹不得只能被动地等待救援，从而失去逃生能力。因此在游乐园千万不要乱扔烟头，将烟头扔到垃圾桶里时请确认已经熄灭，不要在游乐设备的缝隙里塞纸屑、包装纸等废弃物以免引起火灾。同时游客在登上游乐设备时应多留心观察周围有无易燃物并及时报告工作人员。

● 急救措施

1.激流勇进等水上游乐设施。当停电导致大泵停止运转或者提升机发生故障时，游客可能被困在激流勇进的高空水槽，请游客保持镇定、不要乱动，等待救援。工作人员将及时报告维修人员并在第一时间赶到该项目的高空水槽，帮助游客打开安全杠。请在工作人员的引导下逐个下船，并跟着工作人员沿着步行梯安全撤离。

2.飞行塔、缆车等高空设备。当发生停电或者故障，吊舱吊在半空时，请游客保持镇静并注意收听广播。如果短时间内不能排除故障，工作人员将利用手动盘车将吊舱放至地面，游客按顺序撤离吊舱。如有其他故障，工作人员也可能会利用升降机或者吊车将游客安全地接到地面，请耐心等候，吊舱不是完全封闭的，不必担心出现缺氧。等吊舱到达地面后，游客请从隔舱撤出，以保持吊舱系统的平衡运转。当吊舱上发生意外或者火灾，工作人员会沿着最小的弧线将该舱以最快的速度放至地面，并及时对吊舱里的人进行救护。万一发生火灾，请游客用手头的衣物或者手帕、餐巾纸捂住口鼻（最好用水将其打湿），并拍打舱门呼救，等待救援。

3.海盗船。当发生停电或者故障，导致栈桥不能升到位时，游客不要在船上走动，静候救援。工作人员将利用余操作控制阀，将栈桥升到位，人工推动船体，使其通道口对准栈桥，游客要在工作人员的安排下逐个从船上撤离。如果无法利用余气操作，工作人员将把备用梯推至船体的通道口，游客可顺着梯子顺次撤离。

游泳遇险自救

● 现场点击

李晓豪是高一的学生，假期的时候去姑姑家玩。姑姑家附近有一个码头，附近的学生经常在河里面游泳。李晓豪不久就和邻居们的孩子混熟了，这天大家相约去码头附近的河里游泳。刚到此处码头时，河水比较平静，大家边游泳边泼水玩，不知不觉中便游到离岸5米处的地方，这时河面上漂来大面积水草。大家便来了兴致，比赛玩扎猛子，看谁能先超越水草群。过了大概5分钟，大家都游过了水草群浮出水面，突然河面上开来了4艘空载轮船，速度很快，激起几个大浪，孩子们吓得纷纷往岸边游，很快4个人游到了岸边，还有2名年纪稍小，游到离岸边2米处的地方，由于体力不支快游不动了。

这时先上岸的李晓豪见岸边有一废弃的拖把，急中生智地将拖把递给河内的小朋友，其中一名小朋友很快抓住拖把被拉上岸来。正当他再次递上拖把时，第二个浪头打了过来，水面上的水草群也随之漂来，正好盖住了那名溺水男孩，男孩被水草紧紧缠住拼命挣扎，慢慢往水下沉。李晓豪和另一个水性好的孩子见状马上跳下河去，他俩让溺水男孩停住被缠绕的腿的运动，然后用手臂划水运动，保持头部浮于水面之上，然后李晓豪用手将缠绕在那名男孩腿上的水草拉断，3个人采用仰泳姿势远离危险区安全上岸。

● 专家提醒

每年假期都有大量学生来到海边游泳，这是最容易发生事故的时期。有不少安全意识差的学生，不在意海边的警示标志，在水中打闹。特别是那些爱逞强的学生，总愿意往深水区游，而且不听劝阻，即使是同一条河的不同段位，进入汛期的时期不同，水位也不一样，水下地势复杂，有很多水下陷阱，游泳时还是要到指定浴场，以免发生不测。

●急救措施

1.水中抽筋。一般说游泳前不做准备活动，下水后突然受冷刺激或突然用力，以及在水中时间比较长导致的过度疲劳是引起抽筋的主要原因，因此游泳前必须做好准备活动。当发生抽筋时，应立即上岸擦干身体。如果抽筋严重，自己一时不能解除，应该立即呼救。无人救援时，使自己漂浮在水面上，控制抽筋部位，往往经过休息，抽筋肌肉会自行缓解。抽筋的部位主要有足趾、腿部和腹部。解救的方法也各不相同，通常原则是"反向行之"。

足趾抽筋：抓住抽筋的脚趾，应用手将脚趾向抽筋的反方向伸展。

小腿抽筋：在浅水区，可以站起来用力伸腿，用抽筋小腿对侧的手，握住抽筋腿的脚趾，用力向上拉同时用同侧的手掌压在抽筋小腿的膝盖上，帮助小腿伸直。在深水区，可以仰游，一手按摩一手划水，靠岸。

大腿抽筋：分前面的股四头肌和后面的股二头肌两类。前者抽筋后，用压脚背拉伸法，将抽筋的腿向后弯曲，用单手用力压脚背使足跟靠紧臀部，使抽筋的大腿肌伸展。后者抽筋后，膝关节伸直，手握小腿或足跟，拉腿靠向身体，使股二头肌伸展，即可复元。

腹部肌肉抽筋：用仰漂姿势即可恢复。如果腹腔内部抽筋则无法自行缓解，必须尽量忍耐，掌握机会呼救待援。

手臂抽筋：将手握成拳头并尽量曲肘，然后再用力伸开如此反复数次。

2.水草缠身：千万不要乱蹬乱踩。应该先吸一口气，冷静地用双手慢慢地解脱，解脱后改仰泳通过水草区。

3.旋涡：遇到旋涡，应该绕过。万一进去，莫踩水，要迅速使身体平卧于水面，然后用掌握得最熟练、最快的游泳姿势，顺着旋涡的流向迅速地冲出去。

4.呛水：呛水后要用仰泳或踩水姿势，使头露出水面，镇静地缓解。

5.风浪：遇到小风浪，可以将头转到顺风顺浪一侧吸气，遇到大风浪，就应该采用没顶的蛙泳姿势游进，待浪头过后抓紧时间换气。

6.腹痛：腹痛常因水温比较低或受凉所致。因此遇到腹痛要赶快上岸保暖，同时服用一些大蒜和米酒来缓解。

7.被鱼钩刺伤时，如只有钩尖刺入，先轻轻将其退出，然后消毒、包扎即可。如倒钩也刺入，千万不可硬拔。可先剪断连线，顺着鱼钩的弯势，尽量地向皮内继续刺入，使钩尖和倒钩从原刺入点相邻处露出皮肤，钳断倒钩部分，再退出鱼钩，清创包扎后去医院处理。

8.在海中游泳时，不要碰触不认识的生物，随时警惕活动水域内有无会主动攻击人类的生物。有害生物可分为能蜇人的水母、珊瑚、海葵等，水母蜇伤甚至会让人丧命。还有可刺伤人的石狗公，能割伤皮肤的藤壶、牡蛎，能使人中毒的海蛇、锥螺，以及可咬伤甚至致人于死地的鳗、鲨等。如果遭遇水母蜇伤，可用海水冲，把残留在皮肤上的刺细胞完全清除，以食用醋涂抹患部可减轻症状。同时要尽快送医治疗。

● 小贴士

溺水上岸后的急救方法

溺水后即刻致死的原因是水灌入呼吸道内引起窒息，平均5~6分钟呼吸心跳即可完全停止。因此抢救必须争分夺秒。那么，应该如何进行现场急救呢？

1.上岸后，应迅速将溺水者的衣服和腰带解开，擦干身体，清除口、鼻中的淤泥、杂草、泡沫和呕吐物，使上呼吸道保持畅通，如有活动假牙，应取出，以免坠入气管内。如果发现溺水者喉部有阻塞物，则可将溺水者脸部转向下方，在其后背用力拍，将阻塞物拍出气管。如果溺水者牙关紧闭，口难张开，救生者可在其身后，用两手拇指顶住溺水者的下颌关节用力前推，同时用两手食指和中指向下扳其下颌骨，将口掰开。

2.打通呼吸道后，要立刻倾出呼吸道积水。抢救者右腿膝部跪在地上，左腿膝部屈曲，将溺水者腹部横放在救护者左膝上，使溺水者头部下垂，抢救者按压溺水者背部，让溺水者充分吐出口腔内、呼吸道内以及胃内的水。

3.如溺水者无呼吸或摸不到脉搏，要立即进行口对口人工呼吸和胸外心脏按摩。人工呼吸是使溺水者恢复呼吸的关键步骤，应不失时机尽快施行，且不要轻易放弃努力，应坚持做到溺水者完全恢复正常呼吸为止。

常用的人工呼吸法有口对口吹气法：将溺水者仰卧平放在地上，可在颈下垫些衣物，头部稍后仰使呼吸道拉直。救生者跪蹲在溺水者一侧，一手捏住溺水者的鼻子，另一手托住其下颌。深吸一口气后，用嘴贴紧溺水者的口（全部封住，不可漏气）吹气，使其胸腔扩张。吹进约1500ml（成人多些，儿童少些）空气后，嘴和捏鼻的手同时放开，注意溺水者胸部有没有隆起和回落，如果有，说明呼吸道畅通。每分钟吹15~20次，直到其恢复正常呼吸。

4.胸外心脏按摩法将溺水者救上岸后，如发现溺水者的心跳已停或极其微弱，则应立即施行胸外心脏按摩，通过间接挤压心脏使其收缩与舒张，恢复泵血功能。胸外心脏按摩与人工呼吸的配合施行，是对尚未出现真死现象的溺水者之生命做最后挽救，使其恢复自主心跳与呼吸的重要手段。

胸外心脏按摩的具体做法是：将溺水者仰卧平放地上，救生者骑跪在溺水者大腿两侧或跪在其身旁，两手掌相叠，掌根按在溺水者胸骨下端，两臂伸直，身体前倾，借助身体的重量稳健地下压，压力集中在掌根，使溺水者胸骨下陷约3~4厘米（儿童为2~3厘米）。然后，上体复原，迅速放松双手，但掌根不离位。动作要连贯迅速，每分钟约60~80次。

胸外心脏按摩与口对口人工呼吸结合运用的方法是，如有两人配合施救，则一人做胸外心脏按摩，另一人做口对口人工呼吸；如只有一人施救，每按压心脏7~8次，向肺内吹气1次。

5.观察溺水者有没有骨折，避免触碰。经过现场急救后，迅速将溺水者送到附近的医院继续抢救治疗。

滑雪遇险自救

● 现场点击

8.日，外地来吉林旅游的学生徐琦随旅行团来到滑雪场滑雪，因为是第一次滑雪，不懂得滑雪要领，只是学着别人的样子滑。开始并不顺利，滑雪板总往前去，人总往后倒。但是他穿的滑雪服将全身连头部严实地保护起来，加上雪很厚，伤不了人。于是徐琦胆子越来越大，不畏缩，人向前，滑得颇为得意，初学者的滑道就有点感到不够刺激了。于是，转移到邻近较高的山坡上，从山顶往下滑。开始，他小心翼翼，只在坡度小处，而且是斜滑，再加上刹住减速，也平安无事。他想，要是能从山顶直飞山底，像飞一样美妙的感觉简直是一种享受！但是徐琦不知道前一天，气温上升雪被融化，晚上一冷结成坚冰，今天下的小雪又将冰盖上。"薄雪藏冰"是笑里藏刀的"杀手"，不露馅的"陷阱"。就在徐琦快近终点时，冰坚如石，滑雪板在硬冰上根本刹不住，于是徐琦完全失控。他的人像野马直扑山沟，在这千钧一发之际，保全性命最要紧！徐琦扔掉滑雪杖，两手护头胸，听天由命了！只见他飞也似地越过山沟，直朝对面山坡冲去。在一小丛灌木处，徐琦被挡住倒下了。随后徐琦被救护人员送到医院，经检查发现大腿骨折。

● 专家点评

徐琦为滑雪的初学者，他这样冒失是相当危险的。初学者一定要在滑雪教练的指导下滑雪，掌握滑雪要领，把危险降到最低。如果发生不可避免的摔倒，那么安全的摔倒姿势为：（1）身体向下蹲；（2）向身体两侧倒；（3）向山的上侧倒；（4）不要挣扎，任其滑动，绝对禁止翻滚。

● 急救措施

1.缆车骤停半空

如果缆车突然发生了故障，而你恰巧就坐在离地面有段距离的空中，此时应该怎么办？作为滑雪者，首先要保持镇定，不要惊慌随意扭动身体，以免发生意外。向路过的滑雪者高声求助，等待专业人员的救援。另外，乘坐缆车之前要认真阅读乘坐须知，或在工作人员指导下乘坐，尤其是缆车出站和进站的时候要准确地抬起护栏。乘坐缆车时要遵守规则，不要在缆车上互相打闹。

2.失控触碰防护网

初学者遇到前方有人、脚下收不住，伸开双臂，冲向防护网（栏）的情况，怎么办？

其实雪场的安全防护网有时候也是不安全的，比如冲击力很强的地方，尤其是雪道的正前方，如果用铁柱拉上安全网，滑雪者撞上之后很容易造成骨折、勒伤等。所以对于滑雪者来说，一定不要把安全网当成救生网，其实滑雪过程中，最好的自我保护措施就是，在感觉到身体失去平衡的时候采取正确的姿势主动摔倒，这种方式要比撞上安全网安全得多。

3.滑雪时同伴受伤怎么办

如在偏僻的山坡上同伴折断腿骨，应该立刻施行急救。用雪板、雪杖和夹克（或围巾）做一个临时担架，但不要用伤者的夹克，因为伤者需要保暖。小心地拉担架向有人地方慢慢走去。若非滑雪能手，不要滑雪而应徒步。

● 专家提醒

第一，应仔细了解滑雪道的高度、宽度、长度、坡度以及走向。由于高山滑雪是一项处于高速运动中的体育项目，看来很远的地方一眨眼就到了眼前，滑雪者不事先了解滑雪道的状况，滑行中如果出现意外的情况，根本就来不及做出反应，这一点对初学者尤其重要。

第二，了解滑雪索道的开放时间，在无工作人员看守时切勿乘坐，因为此时极有可能是工作人员乘坐的下班索道，在工作人员到达下车站后，索道即停止运行，如果在空中被吊上一夜，发生冻伤事故的概率是非常高的。

第三，要根据自己的水平选择适合你的滑雪道，切不可过高估计自己的水平，而贸然行事，要循序渐进，最好能请一名滑雪教练。

第四，如果在滑雪之前没有做任何的热身就迫不及待地坐上缆车，冲向滑雪场，那么在滑雪的过程中，有可能损伤膝盖。

第五，在结伴滑行时，相互间一定要拉开距离，切不可为追赶同伴而急速滑降，那样很容易摔倒或与他人相撞，初学者很容易发生这种事故。滑雪时不要打闹，宁可摔倒，也不要发生碰撞，碰撞是很危险的。

第六，在中途休息时要停在滑雪道的边上，不能停在陡坡下，并注意从上面滑下来的滑雪者。

第七，滑行中如果失控跌倒，应迅速降低重心，向后坐，不要随意挣扎，可抬起四肢，屈身，任其向下滑动，要避免头朝下，更要绝对避免翻滚。

第八，发现他人受伤时，切勿随意搬动，应及时向滑雪场管理人员报告。

第九，要了解当地的气候特点和近期天气状况，备好充足的御寒衣物，最好避开大风天、下雪天。

第十，要穿颜色鲜艳或与雪面反差较大的滑雪服，以使其他滑雪者容易辨认自己，从而及时绕行避免相撞。

第十一，在滑行中如果对前方情况不明，或感觉滑雪器材有异常时，应停下来检查，切勿冒险。

●小贴士

滑雪胜地通常都设有救护站。如果在经常使用的斜坡上不幸受伤，拯救人员很快就会赶到。但若独自在偏僻的地方滑雪，意外而断了腿，应该怎样自救？

1.一旦腿断了，先把衣服撕成布条，然后包扎伤口止血。但为了身体保暖，应撕衬衣的袖子或内衣，不要撕外衣。

2.在伤口上放些雪，可减轻肿胀。

3.在断腿的两侧绑上夹板（雪杖或树枝亦可）；在骨折处的上下部位包扎。包扎时可能感到非常疼痛，必须有耐心和决心。

4.不要在雪地行走，以免陷在雪中再度受伤。应俯卧在一块或两块雪板上，用以手撑地前行，寻求援救。

5.以之字形或对角线方向滑行下坡。

6.应尽量避免一个人滑雪。到偏僻地方滑雪时，即使有人同行也不妨把雪板放松些，万一摔倒雪板容易松脱，不致扭伤脚踝或折断腿骨。

滑冰遇险自救

●现场点击

1.2月20日下午4时许，高一学生大江与同学4人相约在公园的人工湖上溜冰玩耍。玩了一个多小时后，当他们准备上岸回家时，不幸发生了。靠岸附近的冰层突然破裂，大江掉进了冰窟窿里，已在岸边的同学看到大江落水立刻大喊救命，大江的头在水里若隐若现，两只手胡乱挥动。

在附近溜冰的游客有七八个人，他们看到这种情况，自发地手牵手组成"人链"，他们希望用这种方法靠近冰窟窿中的大江，将他救起。但是因为冰面又薄又滑，"人链"体重过大，冰面断裂，"人链"跌落冰水中。由于"人链"手牵手，大家互相搀扶着，趁冰面没有完全破裂爬上了岸。此时岸上的游客也没有闲着，有一名游客拿来了他车上二十多米长的绳子抛向大江，大江拽着绳子，先爬上冰面，然后他趴在冰面上，岸上十多人抓着绳子，将他拖向岸边。

●专家提醒

水面结冰的情况很复杂，在冰上玩耍，也要注意观察冰面情况。户外运动是件好事，安全更重要。更不要为了抄近道，冒险上冰面行走。

●急救措施

滑冰或在冰面上行走时，冰面渗水，踩上去有声音的时候，很容易破裂。万一冰面破裂，就有可能掉进冰窟之中。一旦发生这种情况，应当如何自救？

1.不要惊慌，保持镇定，要立即呼救。

2.应当用脚踩冰，使身体尽量上浮，保持头部露出水面。

3.不要乱扑乱打，这样会使冰面破裂加大。要镇静观察，寻找冰面较厚、裂纹小的地点脱险。此时，身体应尽量靠近冰面边缘，双手伏在冰面上，双足打水，像游泳那样踢脚，向前滑上冰面。身体保持水平能减少被水流冲到水底的危险，也较易爬上冰面。

4.双臂向前伸张，增加全身接触冰面的面积，一点一点爬行，使身体逐渐远离冰窟。

5.如果有救援的棍子或绳子，应一手抓住棍子或绳子，另一手打破前面的薄冰，直至到达足以支承体重的厚冰，然后趴下来．再被拉到岸上。

6.离开冰窟口，千万不要立即站立，要卧在冰面上以减轻重量，然后匍匐滚到岸边再上岸，以防冰面再次破裂。

7.专家特别强调，岸边施救的人一定不能盲目过去。冰面救援非常危险，非专业人员很容易自己也掉进去。救人的正确方法是找一根棍子，绑上绳子，从冰上向遇险者滑过去。如无绳子，可把运动衫、头巾等衣服连起来做绳子。如不能从岸边拯救遇险者，应趴在冰上，以分散体重压在冰面上的力。小心地向前爬行，把棍子向前推，至遇险者能握住棍子，就不要再往前爬，因为离岸越远，冰层越薄。如几人合力拯救而现场无其他工具，可连成一条人链。为首一人趴在冰上，向遇险者爬过去。第二个也趴下来，抓住前一人足踝，这样一个接一个，直至人链能从岸上安全地点接触到遇险者。

8.如果遇险者无力抓牢绳子，可在杆子或梯子一端绑上一个绳圈，经冰面滑过去，叫遇险者把绳圈穿过头和肩到腋下，然后拉他上来。如拉不上来，把绳子另一端绑在树干上或柱子上，使遇险者不致下沉，然后去求救。

9.拉上岸后，检查遇险者有无呼吸。如无，马上施行人工呼吸。如有呼吸，在其湿衣服外裹上干衣服或毯子，送往温暖的地方。如果遇险者不省人事，置其身体成复原卧式，用担架抬去。移到温暖处，替他换上干衣服，裹以毯子、睡袋。

● 小贴士

滑冰的注意事项

1要选择安全的场地，在自然结冰的湖泊、江河、水塘滑冰，应选择冰冻结实，没有冰窟窿和裂纹、裂缝的冰面，要尽量在距离岸边较近的地方。初冬、初春时节，冰面尚未冻实或已经开始融化，千万不要去滑冰，以免冰面断裂而发生事故。

2.身上不要带硬器，如钥匙、小刀、手机等，以免摔倒硌伤自己。

3.滑行时要俯身、弯腿，重心向前，这样就是滑倒了，也会往前摔，不会摔尾骨。初学者最常见的毛病就是滑行中直立身体，引起重心不稳摔到尾骨，如果出现这种情况，侧身用手撑地，减少冲击。同时避免头部撞到冰面或者过低。不可避免冲撞的时候不要自己摔倒来减速和躲避，重心侧向倾斜，有利于避免正向冲撞和躲闪，保护好头部和胸部，可以伸手缓冲撞击。

4.绝对不要躺在冰面上或者坐在冰面上很长时间，因为他人滑行时冰刀（特别是速滑刀）可能会戳到躯干和头部造成严重伤害。同伴摔倒了，若没有必要，尽量不拉他起来，因为你的摔倒会给你和对方带来二次安全威胁。滑行中感觉鞋子不合适一定不要怕麻烦，多次调节，直到合适为止。

5.滑冰时要戴好帽子、手套，注意保暖，防止感冒和身体暴露的部位发生冻伤。在休息时，应穿好防寒外衣，同时解开冰鞋鞋带，活动脚部，使血液流通，这样能够防止生冻疮。

漂流遇险自救

● 现场点击

国庆7天假期中，湖北某学校高一的十多个学生一起到宜昌旅游，受不了太阳的炙烤，他们在旅行社报名参加了漂流项目。漂流前，不少旅客非常兴奋，前来漂流的人排了很长的队，其中有很多是旅游团的游客，在路上的大宣传牌上写着很多漂流的注意事项，同学们按照体重分配了船只，戴眼镜的同学把眼镜用橡皮筋固定住，每个人又穿上一件游泳衣，戴上钢盔，就上艇了。

漂到在一个相对平缓的地方，大家看见一名旅客站在水中，导游着急地说："快上船，下面危险。"那小伙子爬了一下，又站水里了，眼看艇就要漂走了，小伙子说："我的裤子腰带松了。""还管什么裤子哦，快上去。"小伙子翻身上船，裤子也拖上去了。大家哈哈大笑的时候，不幸就发生了。两艘小艇顶在了一起，其中一艘小艇居然翻了个底朝天，李丁宏同学被扣在艇下面了，不一会儿，他感觉到有人抓住了他的手，把他拉出了水。不过更不幸的事情又发生了，后面一个小艇冲了过来，李丁宏又被带到了艇下面，"那个过程真是漫长啊，我的鞋子都漂走了。"李丁宏说："我屏住呼吸，觉得自己被拖出水了，赶紧呼吸一口，又到水里了。等我再起来的时候，人都歪歪斜斜了，其实站起来水也只是到了我的腰部，我好不容易把呼吸调整好了，一个小艇正在那里等我们呢，我抱着艇浑身发软，上不去了。那个老乡有点受不了我的磨蹭，把我的脚一抱，就把我掀上船了，真是惊魂未定啊！"

● 专家点评

酷暑难耐，越来越多的人选择了漂流感受清凉。漂流的乐趣与刺激让人心动。但是，漂流时难免会遇到急流、旋涡、甚至倾覆。面对紧急情况，只有处理得当，才会真正体验到漂流的巨大魅力与乐趣。还有一定要找通过安全检查的景点才能保证安全。在漂流前了解漂流会出现的紧急情况以及在漂流时不做危险动作。

● 专家提醒

景点内漂流应注意的事项

1.留意天气预报，天气不好的情况下请谨慎选择出行，可事先咨询景区是否可以进行漂流。

2.应尽量选择简单、易干的衣服，不要太薄或色彩太淡，万一掉到水里会很尴尬的，最好携带一套干净的衣服，以备下船时更换。

3.鞋子最好是选择凉鞋，不要穿皮鞋或运动鞋下水，运动鞋浸了水短时间是干不了的，脚上的皮肤往往会被浸得胀肿，最好携带一双塑料拖鞋，以备在船上穿。

4.到达漂流地点后，仔细阅读漂流须知，听从工作人员的安排，穿好救生衣，找到安全绳，根据需求戴好安全帽。

5.一定不要携带怕水的东西，以避免掉落或损坏。带眼镜的朋友请找皮筋系上眼镜，随身携带的物件可用塑料袋装好，系在安全绳上。

6.景点一般都有贵重物品寄存处，尽量不要挟带和携带贵重物品上船，若有翻船或其他意外事情发生，漂流公司和保险公司不会赔偿游客所遗失的现金和物品；若感觉机会难得一定要带相机的话，最好带价值不高的傻瓜机，事先用塑料袋包好，在平滩时打开，过险滩时包上，而且要作好丢入水中的思想准备。

7.漂流过程中注意沿途的箭头及标识，它可以帮助你找主水道及提早警觉跌水区。在下急流时，艇具请与艇身保持平衡，并抓住艇身内侧的扶手带，后面一位身子略向后倾，保证艇身平衡并与河道平行，顺流而下。

8.漂流船通过险滩时要听从工作人员的指挥，不要随便乱动，应紧抓安全绳，收紧双脚，身体向船体中央倾斜。

9.有的景点跌水区及大落差区很多，为确保安全，即使您会游泳也必须全程穿着救生衣。如漂艇出现问题，不要紧张，吹响救生衣上的求救口哨，寻找救护人员并更换漂艇。

10.漂流时不要做危险动作：一般来说，漂流河段都是比较安全的，只要不自作主张随便下船、不互相打闹、不主动去抓水中的漂浮物和岸边的草木石头，漂流筏不会翻。一旦"翻船"也没关系，憋住气，小心不呛水就行，因为你穿有救生衣。

11.当艇卡住时不能着急站起，应稳住艇身，找好落脚点才能站起，以保证人不被艇带着而冲下。当您误入其他水道被卡或搁浅时，请站起下艇，找到较深处时才再上艇，不能在艇上左右磨动。

●急救措施

漂流时会遇到的紧急情况

1.出现急流。首先应该平静面对急流，用脚避开前面的岩石。向后轻轻斜靠，让桨为自己把握方向。在大的波浪中，先深呼吸，然后屏住呼吸面对泡沫状的浪尖，一直等到急流进入岸边旋涡。在急流中，最可怕的是挤在船和岩石之间。因此要远离船，特别是在顺流的一侧。

2.与岩石碰撞。若发现不能避开岩石可让船头撞上岩石，立即让船停下，然后通过一些旋转来调整航线。如果船侧有岩石，全体船员最好在碰上之前，立即跳到离岩石最近的船侧。船员的重量将会让顺流船绕开岩石，逆流则流得更高。这样通常能摆脱困境。

3.陷在旋涡里。

除非船凭着很大的惯性冲过漩涡，否则卷曲的波浪会撞回到船上而使它停下来，水也会立即灌进舱内，常常让船猛烈地旋转乃至倾斜。一些旋涡甚至可能会掀翻船。如果一旦遇到这种情况，要立即进入顺流的水中以避免可能发生的倾覆！措施是用桨或橹划动顺流的水以从旋涡中脱身而出，尽管旋涡表层的水通常都是逆流，其实在其下层及旋涡的旁侧都有水流，万不得已，用岸上的绳子也可把船从旋涡中拖出来。

4.船只倾覆。倾覆是由诸如大的旋涡、波浪、单侧的波涛及障碍（如石头和倒下的枯树等）所引发的。应采取以下措施避险：试着跳开以避免撞击到障碍上；如果确定不会陷入船与石头之间的逆流中，应该尽量地浮在水面上；可上岸避开这一段急流水域；尽量保持与你的同伴一起行动，记住，安全永远比装备更重要。搭救落水者并尽可能快的清点人数。如果有人失踪，应检查船下以确定人是否被绳索或衣物缠住；寻求其他船只的帮助，这应该在远离急流的平静水面来操作。

骑马遇险自救

●现场点击

周末，爸爸带着高原和高梅兄妹去草原玩儿，草原景色优美，漫山遍野都是绿草和小野花，特别是看到游客骑马驰骋在草原上，高原和高梅感觉很棒。

第二天吃过早饭，向导安排了骑马。高梅胆子小，站在一旁看着爸爸和哥哥骑。爸爸的骑马技术已经很熟，高原在向导的帮助下，骑上了一匹大青马。开始的时候，高原的马是由向导牵着慢慢走，过了一会儿，高原就要求自己骑。这时，正好有一名游客要求向导给换匹马，高原的爸爸就说："你去吧，我看着他。"不料向导刚走，高原胯下的马不知什么原因突然扬起前蹄一阵猛甩。高原左脚马镫的马肚带突然断开，人从马背上侧翻下来，上体着地，但右脚却卡在了马镫里，马拖着高原向前跑去。在众人惊恐的喊声中，爸爸拽过旁边的一匹马就要追去，高梅急忙制止。只见大青马拖着高原跑了30多米，缓缓地停下来靠在栅栏边。30分钟后，高原被送到医院就诊，初步诊断为右小腿骨骨折。

向导告诉大家说，高梅的做法是正确的。马拖人的时候，为避免惊马不能立即追赶。高梅说："我的同学以前给我讲过一起事故，有一男子为救女朋友在马后紧追，后来他的女友被活活拖死，真没想到，这个教训今天派上了用场。"

● 专家提醒

骑马是一项时尚运动，在绿草茵茵的马场或者草原上尽情奔驰，实在是惬意、浪漫的享受。骑马可以锻炼意志和体魄，同时又能欣赏大自然美景，呼吸到新鲜空气。但是，在骑马运动中稍不留神，就会受伤。那么，骑马时怎样避免受伤？

1.第一次与马接近时要小心谨慎，要从它看得见的地方走。永远不要站在马的后方和侧后方。因为你不了解它的脾性，要防止被它踢到。还要注意有的马爱尥蹶子，这种马要离它远点。

2.事先检查马具，有没有要断的地方，上马前一定要检查肚带是否系紧，系紧后才能上马。骑行中每隔一段时间也要检查一下肚带的松紧程度。如不及时紧肚带，会出现落马情况。

3.上马时脚尖内蹬，下马时先左脚脚尖内蹬，然后松开右脚，然后下马。上下马脚尖内蹬很重要，一旦马受惊或拒乘而跑开，人至多摔一跤，如果全脚套在蹬内，就会拖蹬，这是非常危险的。

4.正确的骑马姿势：走时，用前半个脚掌踩蹬，上身直立，坐稳马鞍；爬山时，上坡身体前倾，下坡后倾。

5.骑马下坡尽量不要奔跑。一般来说，马的后腿比前腿有劲，但下山时，马的大部分重量是由前腿支撑，很容易造成马失前蹄的情况。

6.骑马时随时注意周围的情况，不要放松缰绳，那么在马有异动时，能及时的从缰绳中感觉出来，从而及时拉紧缰绳迅速控制马匹。比如旁边有其他的马跑过来或者开始跑，其他的马会毫不相让地跟跑，还有可能是周围有特殊的东西或声音出现而受惊或奔跑。比如地上有坑、有洞，有拉的绳子，有陷的地方，石头多的地方，太滑的地方或白色的塑料袋等，马都会为避免伤害而闪躲，这样可能会造成马失蹄而落马，或者马急停而落马。所以，遇见前方有这种情况，骑手应该事先做好准备。

7.马跑着突然转弯，人没有准备会被闪下来。所以到路口处提前给马明确的指示。

8.不要在马上做剧烈的动作，不要在马上脱换衣服，尤其是色彩反差大的衣服。骑马的过程，实际上是人与马交流协调的过程。这样做，马很容易会受惊，初学骑马者很容易落马。

9.马失蹄时，不要抱住马的脖子，要及时提住马缰。

马的失蹄，多数是因为马的前腿软或被绊住、踩到什么东西。这时，马的前腿本来已经不堪负重，再抱马的脖子，会给马前腿增加压力，可能真的人仰马翻。应该及时提住缰绳，重心后仰，这样马脖子借力，马的前腿就会重新站了起来。

● 急救措施

骑马受伤的特点主要为高暴力伤，比如坠落、碰撞、重压、踩踏等。下面介绍下骑马运动受伤的紧急处理，把所受的伤害降到最低。

1.软组织挫伤：通常骑马受伤都会出现这种情况。受伤之后，把患处置于低温环境中，比如用冷水冲，用冰棒冷敷，持续48小时，48小时之后再热敷和擦药。目的是让患处毛细血管收缩，减少组织液的渗出。如果条件允许，可以用绷带加压包扎患处，让渗出液体减少。

2.骨裂和骨折：骨裂大多数情况下不用太担心，只要静养就好，因为骨骼的解剖位置没有改变，固定后静养就会慢慢好。骨折就比较麻烦，避免骨折发生的最好方法就是绷子放的不要太急，注意力集中。如果避免不了落马，那尽量在落地时身体能成抱团状，不要用手去撑地，因为你手上的力量不能支撑整个身体的重量，很有可能会出现骨折，判断自己是否骨折的简单方法是受伤后在休息几分钟后，自己主动的活动一下关节，不要让人帮助你被动活动。如果感觉到疼并且活动受限，那要尽快去医院。

● 小贴士

骑马时应该穿戴什么？

1. 头盔。头部最容易受伤，首先要保护头部。

2. 手套。防止缰绳磨破手掌。

3. 马靴和马裤。小腿肚、大腿内侧和臀部是首次骑马时，最容易被摩擦受伤的部位。也可租用护腿。裤子最好不要穿牛仔裤，因为接缝处比较厚而且硬，容易磨破自己。

4. 最好不要穿高跟鞋，特别防滑的登山鞋和鞋底较厚重的鞋子。因为鞋底防滑效果太好或太厚的话，容易卡在脚镫里面，致使人在意外摔落时脚不能及时脱镫，这是非常危险的。

5. 骑马时禁止戴各种装饰品和化妆品。例如项链、耳坠和各种珠宝，因为这些东西很可能被缠住，使人受伤。

身陷流沙沼泽自救

● 现场点击

7月18日早上，某江岸边地里隐约有人头在晃动，并且还传来微弱的呼救声。"听，那边有人在呼救，我们去看一下。"王小虎和同学马上跑了过去，发现一个"黑人"陷在泥潭里，分不清男女，只有头部还露在外边。

"快！赶紧救人。"王小虎呼喊着，与同学拿来救生绳，搬来木质跳板。两人将两米长的木板搭在沼泽上，四肢着地爬到被困人身边。这时，他才看清陷入沼泽地里的是一名女孩。据王小虎介绍，当时这个女孩仰面朝天，淤泥已淹至颈部，气息微弱。王小虎和同学两人一边平衡自己的身体，一边用手刨开淤泥，将救生绳拴系到她身上。这时，几个上班的职工也赶来救援，用了20分钟时间才将被困者刨了出来。

事后得知，获救女孩叫张小妹，7月17日晚上，她和家人吵架乘船出来，11点钟左右，张小妹独自沿江边下行寻找客运码头，想乘船回家，没想到失足陷进沼泽，而且越陷越深。"当时我想爬出来。"张小妹称，她使出浑身力气，但越陷越深，最终不能自拔，很快她的全身就被泥水浸透。"天又黑，特别恐怖。"张小妹说，陷入沼泽后，她拼命呼喊，始终没有人回应她。渐渐地，她耗尽力气，在黑夜里度过了漫长的8个小时，直至被人发现。她说："这一夜我一直没有睡。以前看到过深陷沼泽的新闻，我尽量让自己放松，等待有人来救我。"

● 专家提醒

夏季江水涨落较大，江边较多淤泥，请大家在江边行走时尽量远离河岸线，注意安全。

● 急救措施

身陷流沙或沼泽中如何逃生？

如果发现自己陷入一个流沙或沼泽坑，你不必太过担心，因为它并不会完全吞没你，只要掌握正确的技巧，逃生并不难。

人体的密度是1g/cm3，因此人能够漂浮于水面上。流沙比水更致密，它的密度大约为2g/cm3——这说明你在流沙中比在水中更容易漂浮起来。关键是不要惊慌，大多数溺毙于流沙或类似液态物里的人，通常都是因为惊慌而胡乱摆动手脚才被吞没的。活命之道是：不要挣扎，让自己尽量放松，缓慢移动身体，将自己置于沙面之上，再背朝下躺平，尽量扩大身体与流沙的接触面积，慢慢移动。当你试图把腿从流沙中抽出时，你需要克服该动作之后产生的真空，因此专家建议你尽可能慢地移动身体以降低粘滞度。同时，尽量伸展胳膊和腿并躺下身体以增大表面积，这样做就使你能够浮起来。

1. 一旦发觉双脚下陷，应该把身体后倾，轻轻跌下。跌下时尽量张开双臂以分散体重，这样可使身体浮于表面。

2. 别脱下背包或斗篷，以增加浮力。如有手杖，可插在身体之下的沙中。

3. 移动身体时必须小心谨慎。每做一个动作，都应让泥或沙有时间流到四肢底下。急速移动只会使泥或沙之间产生空隙，把身体吸进深处。

4. 如有人同行，应躺着不动，等同伴抛一条绳子或伸一根棒子过来，拖拉自己脱险。急速乱动不但帮助不大，而且会很快筋疲力尽。

5.如果只有自己一人，朝天躺下后，轻轻拨动手脚，慢慢移向硬地。

6.如身旁有树根、草丛，可拉它借力移动身体。

7.不要慌忙。移动数公尺，也许得花一个小时。感到疲倦时可伸开四肢，躺着不动。这个姿势会保持身体不沉下去。

● 小贴士

怎样识别危险的泥潭

1.沼泽或荒野中有一些潮湿松软的泥泞地带，称为泥潭。看见寸草不生的黑色平地，就要小心了。

2.同时，应留意青色的泥炭藓沼泽。有时，水苔藓满布泥沼地面，像地毯一样，这是危险的陷阱。

3.如要走过满布泥淖的地方，应沿着有树木生长的高地走，或踩在石南草丛上，因为树木和石南都长在硬地上。如不能确定走哪条路，可向前投下几块大石，待石头落定后可确定是否可以落脚。

4.流沙是一片潮湿的松散沙地，能吞掉一切重物，通常难以察觉，因为流沙上面可能覆盖了一层看似坚实的干沙。

5.在人迹罕至的沙滩或陌生的沙地上行走时，应该带一根手杖或棍棒探路；也可采用"投石问路"的方法。

丛林生存自救

● 现场点击

英国伦敦的17岁男孩詹姆斯和他15岁的妹妹珍妮到澳大利亚旅游。他们4月3日从澳大利亚卡通巴青年旅馆出发，前往悉尼以西70公里蓝山山脉"毁灭城堡"徒步旅行，但是出发不久，詹姆斯他们就在原始森林中迷失了方向。他们出发的时候没有带水和任何食物，也没有准备任何的应急装备。看到眼前的参天大树，遮天蔽日，脚下也根本没有路，珍妮开始埋怨起哥哥，詹姆斯开始也很害怕和焦虑，但是很快詹姆斯就把情绪稳定了下来，而且劝导妹妹不要怕。詹姆斯说，警察很快就会找到我们的，其实当时詹姆斯心里也没有底，但是，詹姆斯坚信他们能够在丛林中坚持到警察找到他们。就这样他们兄妹俩在寻找道路中度过了第一天的白天。晚上詹姆斯找到了一些嫩树枝，然后和妹妹一起把树枝编在一起做成垫子，詹姆斯又找到几根相对粗一些的圆木，把垫子支了起来，于是他和妹妹爬到垫子上就这样睡了。到了深夜，妹妹被冻醒了，詹姆斯又爬下来，捡了一些枯草给妹妹盖上。就这样他们坚持到了第二天，现在他们面临的最大问题是食物问题，他们24小时没有吃东西了。詹姆斯和妹妹能捡树上掉下来的野果充饥，但是蘑菇他们没有敢吃，他们就这样一天、一天地坚持了12天，终于被澳大利亚警方派出直升机发现，救出丛林。事后詹姆斯得知，他们所住的旅馆的工作人员看他们三四天没有回来，于是就报了警。

●专家点评

从某些方面看来，被困树林里总比被困于其他环境较易挣扎求生存。比方说，食物和饮用水通常都不会缺乏；树木既可作燃料，又能遮挡风雨烈日。最大的敌人通常是飞禽走兽、蛇虫鼠蜥。从詹姆斯兄妹的情况看，詹姆斯还是非常聪明的，他为自己和妹妹搭建了一个相对安全的栖身之所。而且他们兄妹没有吃森林里的蘑菇也是正确的，因为蘑菇有毒与否是很难判断的。

●急救措施

如何在丛林中生存？

一旦你身陷丛林之中，掌握一些丛林生存小技巧是十分必要的。在丛林中生存所必须考虑的至少包括三个方面。

1.生火。在丛林中，火往往是度过危难的救星。取暖、煮食物、烧水、烘衣服、发信号、驱虫等等都要用到火。所以野外旅行时一定要带打火机或防水火柴，普通火柴则放在防水的盒子里。然后就是寻找引火的工具，干草、小树枝、树叶、碎树皮、小木块都可用来引火。如果是雨天，可在树底下或岩石下寻找干燥的引火物。即使是雨天，桦树皮仍是很好的引火物，因为里面含有易燃的油脂。此外，松脂也易燃。如找不到干燥的天然引火物，可利用棉衣里的棉絮、药箱里的绷带、口袋里积聚的绒毛等等。燃着引火物后，轻吹火头，加些小树枝或木片；木块要堆得疏松，保持空气流通。烧旺后才加上较粗木头。

2.栖身所。不要在地面上直接修建栖身所，你要先搭建一个平台，然后在平台上修建栖身所。你可以把树枝编在一起做成一个垫子，然后把这个垫子连在4根木桩或是4棵树上，这样你就做成一个平台，然后在这上面修建一个栖身所，各种昆虫对你的栖身所可望而不可及，也就咬不到你了。同样的道理，你最好用吊床睡觉，如果没有吊床，你可以把绑好的竹子或木棒上铺一层厚树叶后当作床用。

3.食物。如被困偏僻的荒野，没有食物，就不得不"靠山吃山"，以野生植物维持生命。有毒和无毒的野生植物，种类繁多，难以一一记住，因此必要时只好仿效"神农尝百草"，亲自尝试哪种植物可供食用。每人每次只可尝试一种植物；每种植物只可由一人尝试。应该谨记鸟类和走兽所吃的植物，不一定适合人类食用。可以试验一下周围数量最多的那种植物，但不要试伞菌类植物。除非确知某种伞菌无毒，否则不要贸然煮来吃。有些伞菌即使煮熟了仍然含有剧毒。选定一种植物之后，用两只手指紧捏叶子或茎部，看看流出来的汁液是什么颜色。汁液呈乳白色，大多有毒。但蒲公英则属例外，不但整株可吃，营养丰富，更可治疗腹泻。以汁液涂在下唇里面柔软的部位，同时把一小块植物（不大于指甲）放在舌尖，等四五分钟。如有发麻、火烫或恶臭的感觉就要仍掉。如没有这些感觉，就在植株上撕下约5公分见方的小块，嚼烂后吞下，等两个钟头。如果胃部不适或作呕，植物可能有毒。如果没有这些征状，就嚼烂并吞下一块较大的，约15公分见方，再等两个小时。没有感到不适，则植物大概无毒。经试验找到相信无毒的植物后，把它煮熟，倒掉汁液，再煮一次，以防万一。

沙漠生存自救

● 现场点击

赵刚的爸爸是名户外运动爱好者，他和同伴去新疆旅游的时候带上了赵刚。在新疆的一个沙漠中他们遇上了沙暴，等沙暴过去，赵刚发现和爸爸他们失散了。地上只有一瓶水和一些散落的饼干。更为糟糕的是，他迷了路，他不知道何时才能走出眼前这一片浩瀚的沙漠。下午，天气变得异常炎热，赵刚口渴得厉害，但他一直忍着，只有在感觉难以支持的情况下，才小心翼翼地打开水瓶，轻轻抿一口水，然后，快速地盖上。一个下午加一个晚上，他不知道自己走了多远，第二天天亮的时候，他依然看不见沙漠的尽头。实在支撑不住了，他就找个感觉稍微安全的地方躺下。一个小时后，他继续前进。累了就倒在沙子上睡会儿，醒了再继续走。到了第三天下午的时候，他已经什么都没有了。为了生存，他不得不把自己的尿液装在瓶子里。至于吃，他只得寻找沙漠里那些稀有的小草，抹一把就塞进嘴里，如果能捡到骆驼拉下的一团干粪，对他来说就是最丰盛的晚餐了。

与高温抗衡，与随时席卷而来的龙卷风斗智斗勇，就是在这样恶劣的环境里，赵刚整整坚持了五天。直到救援人员和爸爸找到他。

● 专家点评

能够在沙漠中生存下来，主要取决于三个相互依赖的因素：周围的温度，活动量及饮水的储存量。

1.当你独自在沙漠里时，首要的事情是找一个遮阳的地方。寻找灌木植物或岩石的投影，昼伏夜出，晚上会比较凉快。

2.在阳光直接照射下，即使不进行体力活动，人所消耗的水也要比阴影下多三倍。如果人们将水的消耗降低到最低的限度，生存下来的可能性便随之增加了。不要哭喊、讲话、要闭上嘴，用鼻子呼吸。这样做会减少身体水分的流失。保持动作缓慢均匀可以把出汗量降到最低。

3.热的时候你会很想脱衣服，但是千万不要。尽可能让皮肤的每一部分都被遮起来，与热风隔离。如果你有帽子就戴上，可以防晒还能保留水分。如果没有帽子，就系一块布把头包起来，要连脖子和后背也盖住。

4.注意自己是不是出现了中暑症状。一开始会觉得疲乏，辨不清方向，检查一下尿液的颜色，如果呈现出深棕黄色的话，说明你已经开始脱水了。一旦发现这些症状，赶紧喝几口水。每隔1小时再喝一点水。

5.沙漠里大面积空旷的地形会诱使你低估距离。基本上实际距离是你感觉到的三倍。

6.沙暴在沙漠里是经常发生的，如果你遇到了，一定要保持冷静。找一个可以躲避的地方，用衣服盖住嘴和鼻子，平躺，后背冲着风向，直到风暴过去。

7.大号水壶、爽身粉、手电筒、宽胶带、小圆镜、塑料袋等等小物品都会在沙漠中给你带来意想不到的方便。比如爽身粉可以擦在你运动时经常被摩擦身体部位；小圆镜用于求生时反射信号；塑料袋用于防尘。

● 急救措施

如何在沙漠中寻找到水源

1.跟踪野生动物，特别是跟踪野牛、野驴、野马、野骆驼、羊等动物，或按照这些动物的脚印跟踪。一般来说，野生动物出没的地方，肯定是有水源的。

2.刨根法。沙漠、戈壁中，除沙枣、骆驼刺有着极强的耐旱性外，芦苇、红柳、胡杨等植物，他们对水的需求就比较多了，如果发现这些植物，特别是芦苇，只要顺着根部往下刨，就一定会慢慢渗出水来。但盛出来的你可别急着马上喝，因为沙漠中的水往往含有碱等矿物质，要过滤后再饮用。否则，不仅解不了渴，反而会越喝越渴，甚至中毒。

3.利用仙人掌。许多从沙漠死里逃生的人发现，形形色色的仙人掌恰恰是天然的水库。在沙漠中有一种仙人掌据说一次可以挤出4升水。许多人恰恰是在仙人掌的阴影下与水失之交臂，活活地渴死了。

4.另外，还有很多动物的血，昆虫的汁液都可以用来止渴。

5.学会在沙漠中自制露水收集器。自制露水收集器的方法虽不可能得到大量的水，但可解燃眉之急，方法简单，随时随地可用，不防一试：在夜间，水分会凝结在玻璃、金属、鹅卵石等光滑的表面上。挖一个浅坑，铺上一块塑料布。其上堆放一些清洁的光滑石头。石头上的凝露会滴在塑料布上。到翌晨移出石头，收集塑料布上的露水，即可饮用。

6.在沙漠中另一种有趣的获得饮用水的方法就是自制太阳能蒸馏器，在晴天的时候还是很管用的。挖一个直径至少90公分的坑，在坑中央放一个清洁的容器。如附近有树叶或灌木，可采来散放在坑内，以增加水的收集量。用一块塑料布盖着坑口，用石头、沙子或其他重物压紧坑缘。在塑料布中央放一块小石头，使塑料布成一倒置圆锥体。使塑料布的最低点正好在容器上方，但不可碰到容器。水会凝结在塑料布向着坑的一面，然后滴到容器内。如有胶管，可把一端放在容器内，另一端伸出坑外。这样就能用管吸水，不必移动蒸馏器。

●小贴士

在沙漠中迷路怎么办

1.在沙漠或林海中行走时，因景致单一，不易找到定向的方位物，且由于人的左腿迈步比右腿迈步稍大0.1~0.4毫米，所以在行进中很容易不知不觉地转向右方，从而走成直径为3~5千米的圆圈。为避免走弯路，可利用极远处目标或天空中的云彩确定方向，或不断在身后放石块或插树枝，走一段路要回头看看有没有走偏，保证所设标志在一条线上，这样就不会走弯路了。

2.在沙漠中，一旦迷路，应沿着有马、驴、骆驼粪便的道路走。实在无路可走时，可沿骆驼的足迹行走，因为骆驼对水源有一种特殊的敏感，依此常能找到水源，遇上人群。

洞穴受困自救

●现场点击

暑假到了，康明到乡下的奶奶家玩。一天，邻居大壮领着康明到离家3公里外的大山中玩。突然间，大壮在一个下山的路口处发现一个一米多高的山洞口，大壮说："以前没有发现这有个山洞，咱俩去看看。"俩人扒开洞口周围野草钻了进去。刚进洞时洞内有亮光，看得清楚，洞里奇型怪状，纵横交错，很好玩，进洞时本来是较弯曲的通道，往里走越走越宽，当两人越走越暗，甚至什么也看不见时已走出近百米。当康明要求往回返时已找不到回去的路。洞内空气稀薄，俩人略觉出气儿困难。过了一会，康明拽住大壮："咱俩得快出去，不然这里危险。"此时，在他俩所处的位置向上望去，哪都像洞口，都有类似的光和通道。康明略微镇静，他问大壮："你兜里有什么东西？"，大壮说："我带了一条绑狗用的绳子。"这是一根10多米长的塑料绳，康明用它绑住两个人的腰，成为一体。康明说："前方有亮处的地方，咱俩一个一个摸着前进，如果不是就把脚下的石头垒起一小堆做记号。"康明还告诉大壮，头上和四边洞上的石块千万不要动。就这样，康明和大壮一个亮点，一个亮点的探。当他们探到第7个亮点时，觉得出气越来越顺畅，等他俩爬出洞口时，已经成了"灰"人，四肢关节处全部破皮流血。此时已是下午了，经过近6个小时的抗争，他们终于走了出来。

●专家提醒

不要出于好奇和探险的心理，贸然进入非游览的山洞，这是很危险的。贸然进入非游览的山洞，有时会迷路洞中，受到饥渴的威胁。在人迹罕至的洞穴，还可能受到毒蛇猛兽的攻击，特别是还可能受到洞中有毒气体的伤害。

进入洞穴应注意的问题：

1.为防止毒气中毒，最好在人下去之前，先用绳子把蜡烛或提灯先吊下去，试探有无沼气等聚积。如果见到蜡烛火苗突然增亮，表示下面有一种能引起爆炸的气体，如果烛焰熄灭或变暗，说明其中氧气不足，此时千万不要下去，应在采取通风措施后方可下去。

2.在下井穴时，应顺着绳子滑下去。

3.非下去不可时，须戴防毒面具，照明采用较亮的手电筒，不宜带烛火或提灯下去。

4.进入洞穴后应沿途撒粉屑，用有色粉笔在岩壁上画上明显的记号，交叉路口应编号，用箭头指示方向，标明路径，同时进行路线测量，绘制路线草图，以免迷路。

5.进入洞穴时应以电筒或提灯照明道路，进入人数也不应过多，且彼此之间应互相系上牢固的结绳，以便落入深坑时互相援救。

●急救措施

在洞穴中迷路怎么办

1.如果发现自己迷了路，就应马上停下来，回忆自己走过的路线，想想究竟是在哪个位置走错了方向。也可计算自己入洞的时间，以估算走出需要的时间。

2.尽量顺原路走回。如果走了很远仍不见出口，应返回迷路处，再试另外的路线，直到找到出口为止。迷路后随时做好标记，可以在地上画一个符号，垒一堆石头，也可以用小刀在洞壁上刻出记号等，这样可以避免走重复路线。

3.应放松心情，有同伴时应互相鼓励，不要报怨，发现洞内别处有人，就向他们求助。

4.冷静判断所在位置、方向，低姿、快速撤离，如感到缺氧，应少说话，不使用打火机。

5.为避免塌陷，严禁奔跑或挖取洞顶的石块，发现洞顶的石块有松动现象时，应迅速远离。

6.在洞内寻路休息时，要关上手电筒或其他照明用具，以免浪费电力。电池电力紧张时，可把电池靠近身体烘暖，这会使电池的使用寿命延长一些时间。

长时间受困洞穴，会造成体质衰弱。那么，被困人员出洞穴后应注意什么问题呢？

1.被救人员出洞穴时应注意眼睛免受光线刺激，并及时补充氧气和液体。

2.对于发生窒息或中毒者，应从速将其移至空气新鲜处，使之吸入含氧丰富的空气。已经停止呼吸的人，应当立即原地做人工呼吸，并要持续不间断地进行。

3.注意使病人保暖，并护送到医院作进一步检查和治疗。

● 小贴士

发现洞穴内有人求救时，应立即报警，请专业人员救助。自己千万不要轻易进入洞穴救人。

野外迷路自救

● 现场点击

"记得那次我和同学一行5人，相约去野外游玩"，魏良说，每次想起那次危险的经历，都会心有余悸。

"我们行走到主峰脚下时，我发现有一条小路好像直通山顶，我想着自己体力好，就撇下别的同学自己沿着小路上去。在看起来很好走的小路上，我试图穿过去，结果三次全都失败了。"这时候，太阳慢慢沉下去，魏良发现手机也没了信号，而且手机显示电量不足，一会儿就自动关机了。在迷路后的几个小时，魏良在深山老林中又行走了很长一段路，天黑之后就只好停下来，在一片乱石滩上躺下休息。"幸好没下雨，但天气仍然很冷，一秒一秒地数时间"，他说，"当时吃了最后一块干粮，也不敢去打水，怕把脚弄湿了更消耗热量"。幸好，在与同学失去联系20多个小时之后，魏良在快天亮的时候遇到两个回家的当地村民，才终于获救。而此时同学已经报警，当地民兵队已经派人搜山，所幸魏良仅受了些皮肉之苦，并无大碍。

●专家告诉你

魏良迷路是当天快黑的时候，他首先应找个藏身之所。如果是白天，则应先找寻大路。救援队人员在多次救援中发现，迷路被困多是因体力不支或经验不足，迷路后又没有相应的自救设备和自救知识。所以，户外活动出行前一定要带上足够的装备，例如羽绒服、头灯、巧克力等。有条件的话，最好带上GPS和当地等高线地图，充分熟悉路线。

●急救措施

野外迷路怎么办？

这里的内容是介绍一些直接的、依靠步行的、非专业性的方法。使用这些方法，即使您没有指南针、地图，不具有天文地理的专业知识，也可以确定自己所处的方位。

1.如怀疑自己迷了路，应该立即停下来估计一下情况。当野游者刚发现他难以确定自己的方位时，一般情况下他并未走多远，不会找不到路。麻烦的是大多数迷路者继续盲目前进，在森林中乱窜乱钻，使自己的处境更糟，一些迷路者甚至完全走出了搜寻地区的范围。

2.有地图的话，利用地图与实地同一地理特征作为引导。　先查一查图例，看看周围有没有与地理标识相符的地理特征，找出自己立足处大概在地图上哪一区。如果找不到，在地图上找出迷路前的位置，然后回忆一下经过的房屋、溪流或其他地理特征，以追寻自己曾经走过的路线。查看地图上的等高线，以了解周围的地形。等高线彼此相距较远表示山势平缓，没有等高线表示平原或宽阔山脊，等高线绕成指纹状则多是山嘴或山谷。根据地图上的比例尺，比方说，比例尺为1：50000，就表示图上1公分代表实际长度50000公分（0．5公里），用小尺子计算自己与目标物的距离。最后转动地图，使图上标的与它所代表的地理特征在同一方向，然后按图选取某个方向走到大路或有人烟的地方。边前行边留意两旁景物，参看地图中估计走了多远。

3.如果没有地图，首先考虑能否返回刚才走过的大路。不可能往回走时，就观察环境。如看见道路或必会有路相接的东西，例如房屋、电线等，应朝它走去。如果能从四周的地理特征约略推断自己身在何处，就走向最接近的道路、小路、铁路、河流等。与前进路线垂直的道路、河流等目标是最佳选择，因为就算前进时稍微偏离了原定路线也能找到。

4.如找不着可靠的地理特征，可利用太阳分辨方向决定朝哪个方向走。正午时，北半球太阳在天顶靠南，南半球在天顶靠北。如太阳被云层挡住，看周围物体淡淡的阴影。太阳就在与阴影相反的方向。

5.也可利用有指针的腕表辨别方向。确认已校准当地时间，把腕表平放，时针指向太阳，找到时针与12点的夹角的中线。比方说，如果是下午4点，中线就会指向2点。这条线在北半球会指向正南，在南半球则指向正北。

6.如云层厚密，看不到太阳，可观察树干或岩石上的苔藓。苔藓通常长在背光处，在北半球，朝北或东北那面苔藓较多，在南半球，则朝南或东南那面苔藓较多。不过，利用苔藓推测方向并不准确；因此，阳光穿过云层时，就应该利用太阳来确定方向。

7.在黑夜迷路，可利用星星辨出北方。在北半球，北斗七星有助于找到位于正北方的北极星。在南半球，南十字座大致指向南方。无论在南半球或北半球，都可利用猎户座辨别方向。猎户座腰带是三颗并排的星，设想有一直线连接中间那颗和头部中央，头部那端指向正北，脚部一端则指向正南。

● 专家提醒

1.溪涧流向显示山下的路线，但不要贴近溪涧而行，因为山上的流水侵蚀河道力量很强，河岸都非常陡峭。所以，应该循水声沿溪流下山。

2.别走近长着浅绿、穗状草丛的洼地，那里很可能是沼泽。

3.在晚上，如有月光，可看到四周环境，应该设法走向公路或农舍。如看不清四周环境，不要继续走，应该找个藏身之所，例如墙垣或岩石背风的一面。几个人挤成一团能保持温暖，熬过寒夜。

4.如果下雨的话，不要留在高地，应该迅速离开。留意有没有农舍或其他可避风雨的地方，小径附近通常都可以找到藏身之所。

●小贴士

怎样在野外发求救信号

从远处或空中很难看到在郊野的旅行者，但旅行者可利用下列不同方法使自己较易为人发现。

1.国际通用的野外求救信号是哨声或光照，每分钟6响或闪照6次，停顿1分钟后，重复同样信号。

2.火光作为联络信号是非常有效的。如果有火柴和木柴，点起一堆或几堆火，白天可在火堆上放些苔藓、青嫩树枝、橡皮等使之产生浓烟。烟雾是良好的定位器，浓烟升空后与周围环境形成强烈对比，易受人注意，也能让机师知道风向，帮助机师准确地掌握停悬的位置。添加绿草、树叶、苔藓和蕨类植物等任何潮湿的东西都能产生烟雾，同时飞虫也难以逼近伤人。晚上可放些干柴，使火烧旺，使火升高。注意的是，不可让所有的信号火种整天燃烧，但应随时准备妥当，使燃料保持干燥，一旦有任何飞机路过，就尽快点燃求助。

3.用树枝、石块或衣服等物在空地上砌出SOS或其他求救字样，每字最少长6米。如在雪地，则在雪上踩出这些字。

4.拿颜色最鲜艳又阔大的衣服当旗子，不断挥动。去野外游玩时，最好穿颜色鲜艳的衣服，戴颜色鲜艳的帽子。

5.自制日光反射信号器。有阳光时，可利用这种信号器向远处的人发出信号。找一块两边都能反光的金属片，例如锡箔或擦亮了的铁罐盖子。在金属片中央打一个小孔。从小孔望过去，须看见接收信号的目标。拿稳金属片，看着自己的反影，就会发现脸上有一点光，那是阳光穿过小孔投射在脸上造成的。稍倾摇金属片，直到反射的光点落在小孔中。这时反射光就对准目标了。慢慢摇晃金属片，发出继续闪光。按照国际爬山求救信号发出闪光，即每分钟闪动6次，停顿1分钟；然后重复地发出信号。

第五部分　暴力威胁

爆炸事件自救

● 现场点击

一天晚上，3路公交车司机老许开到终点站时，发现车内后排座位下，有一个乘客遗留下的背包。老许以为是哪个粗心的乘客又忘了东西，刚要把背包拿到司机休息室时，正赶上儿子许文华赶来，许文华制止了父亲的行为，说："这个背包并不大，没有必要放在座位底下啊。并且谁会把干净的背包放在地上？"儿子的话引起了老许的警觉，老许找来了公交公司的警卫人员并打电话报警。

随后，大批警察来到现场，疏散了汽车终点站的所有员工，并对现场进行了戒严，此后身着防爆服的拆弹专家也赶来。老许的公交车停在警戒线内，一名排爆手正小心翼翼将背包从车内转移出来，旁边警犬严阵以待。随后，排爆手趴在水泥地上，小心检查背包内物品。经过1个多小时排查，排爆手成功拆除背包内的自制爆炸物。大约1个半小时后，警方宣布险情排除。

正念高三的学生许文华说，"我前两天正好看到了一起爆炸事件的新闻，才对这个背包有所警惕。要不，后果真是不堪设想"。

● 专家点评

在这个案例中，许文华由干净的背包塞在座位底下这个不合常理的细节，对这个背包产生了怀疑，在关键时刻，挽救了很多人的性命。如果同学们发现了可疑物品，如何判断是否为爆炸物呢？一、可以在寂静的环境中用耳倾听是否有异常声响。二、可细闻有无异常气味。比如黑火药含有硫磺，会释放出臭鸡蛋（硫化氢）味；自制硝胺炸药会分解出明显的氨水味等。

●急救措施

恐怖分子的炸弹最难预防，并且会引起极大恐慌。目睹这种爆炸的混乱场面，听到许多伤者的呼号，的确容易令人手足无措。但对付恐怖分子，人人都可以作出重要贡献。以下是警方专家的建议。

1.如果怀疑有可疑爆炸物，不要触动此物品。许多恐怖分子的炸弹都装置有"触动系统"，一移动便立刻爆炸。

2.如果看到有人在放置可疑物体后匆匆离开，可大声问他："这东西是你的吗？"若他不承认，便可立刻假定包裹是炸弹，应该马上随手记录那人的外貌同时采取相应的行动。千万不要高叫"炸弹"或会引起别人恐慌的言辞。远离可疑物体，并劝其他人离开。

3.向有关人员，报告发现可疑物体并尽快打电话报警。目击者应尽量识别可疑物发现的时间、大小、位置、外观，有无人动过等情况。如有可能，用手中的照相机进行照相或录像，为警方提供有价值的线索。

4.如果遭遇爆炸现场而没有受伤，尽可能用手机拍摄现场情况，注意事后匆匆离开现场的人。应尽力帮助伤者，直至紧急救援机构人员到达现场。不过要重视本身安全，如飞坠的碎片。如果自认帮不了忙，应该静静地离开现场。别跑，否则会再度引起恐慌，增加伤亡人数。

5.协助警方的调查。如果曾作现场记录或拍照，应交给附近警察局。

●小贴士

收到可疑信件或包裹怎么办

警方专家指出，辨认信件及包裹是否藏炸弹，应注意以下特征：电池、电线、油渍或杏仁气味。同时留心不寻常的特征，例如包裹是否格外笨重？包装方式是否特殊？如在认为不会有人寄包裹来时却收到包裹，就应想一想，有没有熟人住在邮戳所示的地区？如果对收到的信件或包裹有所怀疑的话，遵照下面的做法。

1.切勿打开。邮件炸弹的设计特殊，在邮递过程中受到震荡不会爆炸，但拆开便会爆炸，也不要挤压或刺戳邮件。

2.切勿把它放在别的器皿或沙里水中。

3.在包裹上找出投寄人的姓名，打电话求证其真伪。若包裹是寄给家人或同事的，应该问清楚是否正在等待别人寄包裹来。

4.若经慎密查核后，仍不能消除疑虑，应该把包裹放在原处，然后通知所有人离开房间。锁上房门，放好钥匙，房间若有玻璃窗，要通知别人远离这些窗门，以免爆炸时给飞坠的碎片割伤。然后打电话报警。

被陌生人劫持自救

● 现场点击

周末晚上9时，住校生于某回校途中，被两名歹徒劫持上车。于某急忙呼救，但是由于时间较晚，所处地段行人不多，并没有人发现于某的险境。其中一名男子开车，另一男子摸出刀架在她脖子上。车子向市区外驶去。于某很快就冷静下来，对抗肯定不是办法，只有以智取胜。她停止了挣扎，不哭不闹。因为他们两人一直不说话，甚至没有说出劫持自己的目的，所以于某开始主动跟他们说话。

"我的包里的现金和手机，你们可以都拿走。"一会儿，其中一名男子问她："你觉得自己值多少钱？"于某镇静地表示，自己家在县城，家中父母都是工人，家里没有太多积蓄。"你们绑架我也拿不到多少钱，犯罪判刑还很重，我银行卡里有我这学期的生活费，我可以把卡上的钱都给你们。"为了不给歹徒增加心理压力，于某还在路上故意劝他们不要把车开得太快。拿着于某交出的银行卡和主动说出的密码，劫匪将车开到一个银行提款机取出1900元钱。

但是拿到钱后，劫匪并没有放走于某的意思。在这期间，于某一直在观察路口的车辆和信号灯，大约是晚上10时30分，路口的信号灯开始变绿，于某拉开车门赤脚跳出车外直奔马路中央，张开双臂截住了一辆刚好途经的出租车，在司机的协助下高速逃离并迅速报案。

"当时的位置是在丁字路口，之前我脱掉了鞋，因为当时我穿了一双拖鞋，我想跳下车后必须能马上逃跑，如果绊倒就会被他们抓回去。"于某说。

● 专家点评

于某在案发开始就保持了头脑清醒，主动巧妙的与劫匪沟通，了解了劫匪绑架自己的目的，决定自己的智斗方案。在绑架途中，观察事态发展，顺从绑匪的要求、不争辩、不硬抗，与绑匪聊天，麻痹对方，使其放松警惕性，稳定了劫匪情绪。在最后的关键时刻，准确判断当时形势和当时所处的地理位置，救了自己一命。

●急救措施

被陌生人劫持怎么办?

万一已经遇到被陌生人绑架、拐卖等情况，你一定要保持头脑清醒冷静:

1.临阵不慌。尽快调整自己的心态，可以在此时尽量回忆近来有无可疑的迹象，要有一定的心理准备及应付措施。

2.在被劫持初期脱身的机会较多，这时可以设法观察周围环境，看看有没有可利用引起外界注意的东西，趁绑匪不注意时放火、放水、抛掷东西，以引起外界注意，如此便可趁机呼救。

如果被关在公寓楼或房子里，一定要试着去开所有的门和窗以寻找逃跑的路。并尽可能地制造紧急状态如破坏窗户、开启警报等。

如果被锁到车后箱，要将车尾灯向外推并使电线掉在外面。

如果被诱拐进汽车，要跳到车后座并从后门逃出;如果被困在汽车的前座，要将仪表盘下的电线拔出以破坏汽车的制动或将小东西塞入点火开关。

如果在停车场被绑架，一定要尽力逃跑、敲击汽车以启动车的警报系统，如果可能的话，钻到停着的车下面。

如果被迫进入汽车或建筑物，一定要大声呼救并尽可能毁坏物品，以引起注意。如果被带入商店，要向收银员或其他成人呼救并试图毁坏商品、踢倒商品陈列以引起他人的注意，并尽可能去抓住最可能接近的人。

3.同时尽可能拖延时间，寻找各种借口给绑匪制造困难，如说自己肚子疼，赖着不走。

假如嘴未被堵上可大哭，如嘴被堵上可扭动身体，或作出各种反常的行为，当然在这个过程中可能要受一些皮肉之苦，这是难免的。在没有别人帮助的情况下，要抓住一切机会保护自己，逃脱险情。

4.如果绑匪使用交通工具，要尽量记住车型和车牌。在汽车行进过程中在心中默默数数，以便记录公里数;用身体的感觉记录车子转弯的次数，以及上下坡的次数；倾听车外特殊的声音及绑匪的谈话，努力记住绑匪们的面容和特征，以及与绑匪有关的一切线索。

5.在被绑架的过程中，要尽量记住沿途的地方、路名，观察有无邮筒、电话亭，以便以后有机会可以利用。

6.伺机留下各种求救讯号，如手势、私人物品和字条等。歹徒将你绑架后，有时会强迫你打电话与你父母联系，目的是想让你父母快些拿钱来赎你。这时要抓住机会，巧妙暗示自己所在位置。

7.主动巧妙的与绑匪等沟通，稳定歹徒情绪。比如说："家里一定会筹好钱来赎我的！"等等，尽量争取存活机会，勿以语言或动作激怒绑匪。装作顺从害怕的样子，使歹徒麻痹放松警惕。如歹徒手中有凶器，应巧妙周旋促其放下。

8.当你上述努力均未见效果时，特别是到了目的地以后你也不要灰心，这时可降低反抗程度，学会保护自己，表面佯装害怕或已经被驯服，不激怒他们，见机行事，而这时绑匪也从最初的百般小心，而变得大意起来，这样你就还可以寻找新的机会。熟悉周围环境，观察可能的逃跑路线。待有公安人员、解放军在附近时，可大喊大叫。如在屋内，可敲碎玻璃，发出响声。没有机会时，要耐心等待。

9.在绑匪向你追问他们想知道的情况时，千万不要告诉他们，可假装害怕而大哭，或说忘了，或说不知道，总之，不要说出实情。否则你说的越多，对你越不利。

10.牢记求生信念，随时做好逃脱准备。尽量进食与活动，保持良好的体力。

11.调整心态，多与看守你的绑匪搭讪闲话，麻痹他们，发现他们的弱点，了解他们的情况，为你后来寻找脱身的机会打下基础。当其内部利益发生矛盾时，你的机会就来了。甚至你还可以适当的主动攻心，分化绑匪，同时努力观察周围情况，看有否可利用的脱身条件，一旦时机成熟，勇敢机智的脱离险境。但要记注，千万不要对坏人抱幻想，你只是寻找机会利用坏人，而不要指望坏人会发善心，这点请切记。

12.如果证实绑架的目的是作为人质要挟与自己的关有人借此就范，或是被人拐卖时，则不必惊慌，暗中记下罪犯的相貌、口音、身材、衣着等特征，不要反抗，相信亲人和公安干警会来营救自己。待绑匪被抓获后，就将了解到的全部情况向警方叙述清楚，协助公安部门尽快破案。

13.可以利用一切可能的机会，向绑匪宣传如果你受到任何侵犯和伤害的，他会受到严厉处罚和加重罪行，这种做法会对自己的人身安全起到一定的作用。

14.当殴打虐待你时，表面上软弱，因为与逃脱无益的任何反抗都是没有意义的，你的一切目的就是尽可能的保护自己，把伤害降低到最低程度。无论坏人多么凶残，你的内心一定要坚强，不要被吓倒，这样你才能保持清醒，去寻找机会逃脱。

15.当有人来营救时，绑匪会垂死挣扎，发狠下毒手。这时必须头脑清醒，要与之对抗，避开刀刃，保护自己身体要害处。不要见血就吓昏，要增强求生意识，拖延时间，因为分分秒秒都关系到生命安全。

被敲诈勒索自救

● 现场点击

周老师是高一班的班主任，他向我们讲述了他亲身经历的一件事情。

周末放学时，学生张力到办公室找我，说有事情想和我谈谈，问我有没有时间。我说好的。他还是唯唯诺诺，张了几次口都说不出话来。此情此景，我对张力说："你不要着急，有什么事情慢慢给老师说说。"最后，我终于弄清的事情的经过。有一次张力在寝室楼转弯处时，撞上了一名高二男生，那名男生是学校出名的霸王。该男生拦住了张力，说张力撞坏了他，让张力给他点钱去看病。张力当时没有掏钱，那名男生就说，不掏钱我打你。于是张力就把钱包里的钱都给了那个男生。以后，那个男生多次向张力要钱治病。听了张力的述说，我基本了解了事情的原委。接着我安抚张力说："你不要害怕，老师一定会帮你妥善解决此事的。"接着我找到了那名男生的班主任赵老师，把学生遭勒索的事告诉了他，共同处理该事。

● 专家点评

中学生正值人生观、世界观开始确立的年龄，学校和社会要重视他们的和谐发展。面对校园勒索事件，我们要对被勒索学生安慰鼓励，对肇事者要宽容教育，万不可杀鸡儆猴，更不能给肇事者贴标签，否则，我们会失去"治病救人"的机会。但是对于社会生活中不法分子的敲诈勒索，我们又要区别对待。一般地说敲诈勒索的犯罪分子并不可怕，他们不敢危害被敲诈人的生命安全，而主要目的是获取钱财。因此，只要我们强一分，罪犯就弱一分。只要敢于斗争，并取得公安人员的协助，侵害是可以被战胜的。

●急救措施

敲诈勒索他人财物的事件在社会生活中时有发生，犯罪者在进行敲诈勒索时经常使用一些威胁或胁迫性的语言，迫使对方交出财物。敲诈勒索一般有两种方式：一种是采用电话或信件的方式；一种是当面方式。

1.对于以信件或电话方式进行敲诈的犯罪活动，首先应克服恐惧心理，不要被犯罪者的威胁所吓倒，然后立即向公安机关报案。报案时应毫无保留地回答公安人员所提出的询问，帮助公安人员分析敲诈者各方面情况，协助公安人员破获案件。如果犯罪者以掌握被害人的某些隐私或某些错误为要挟来敲诈被害人，那么被害人切不可以息事宁人的态度，顺从地满足犯罪分子的要求。最明智的办法也是向公安机关报案。

2.当面敲诈方式。罪犯一般是先采取诬陷的方式，使被害人陷入某种不利的境地，继而进行敲诈勒索。比如碰上有人以各种借口要你"赔偿"损坏的东西。

遇到这种情况，被害人应镇定情绪，分析刚刚发生的事情是否合情合理，对方是否是在讹人，如确认对方是在对自己进行敲诈，应向围观人群讲述道理，争取公众同情，或要求对方到公安派出所去讲理，或向路上巡逻的巡警报案。

碰到遭遇社会青年或者同学敲诈勒索甚至抢劫的情况，一定不要回避，立即向学校、公安机关报告，你越怕事，越不敢声张，不法之徒就越嚣张。

不能轻易答应对方的要求。如果轻易屈服于对方而又不敢向家长、老师、学校报告，很容易成为对方长期敲诈勒索的对象。不少学生都是遭到钱财勒索后，不敢声张，结果犯罪分子被绳之以法时，已经被多次敲诈。

遭遇紧急情况时，对方有凶器，可能对学生人身构成伤害时，可以考虑先满足对方要求，不要逞一时之勇。

如果无法脱身，可以借口身上没钱，约定时间地点再"交"。然后立即向学校和公安机关报告，警方会及时采取行动。

如果被同学敲诈勒索，除了学校老师调停外，建议双方家长进行沟通，家长要对自己的孩子负责，更要对别人的孩子负责。如果监护人协调后依旧敲诈勒索，可以寻求司法保护。

3.犯罪分子进行敲诈勒索的方式很多，要从根本上避免被敲诈还必须增强自我保护意识，减少自身过错，克服贪欲等不良心理，从而杜绝此类事件发生。

公共场合遭遇小偷自救

●现场点击

星期天上午，中学生王江上街买东西。他上公交车后没几站，就上来一个年轻男人。因为车上只有王江的旁边正好有空位，所以王江以为他会坐在自己边上，结果他往后面车门的方向走去。王江以为他是要下车了，也没多想。车又向前开了两三站，人多了起来，王江快下车了，就从座位上站了起来，他发现那个男的又往车的前面走过来。就是在这时，王江开始注意他了。就在王江看着他的时候，他站在了一对说笑的情侣的后面。王江觉得奇怪，就用余光看他，结果正看见他的手在伸向前面的那个男孩的兜里，怎么办呢？遇到小偷了！王江在脑子里迅速的搜寻着答案，有办法了，王江也向那对情侣走过去，然后悄悄地把脚移到小偷的脚附近，在车子晃动的一刹那，王江狠狠地用后跟踩了他一下，随后诚恳地说了一句"对不起！"，小偷迅速躲到了一边。等车一停，小偷就马上下车了。

●专家点评

看见小偷行窃，可以用更灵活点的方法提醒，既防小偷，又能保护自己。比如，上去拍下人家的肩膀，热情地跟对方打招呼，装成认识的样子，把小偷吓走后，再低声提醒人家；或者故意大叫，假称自己东西被偷了；也可以向司机报告，在路面有交警的地方，停车求助。无论在大街上，还是在公交车上、商场里，如果有人告诉你说，你掉了东西，你一定要看清楚是不是自己的东西，如果不是千万不要捡拾，不要贪图小便宜。是自己的东西，也要在捡拾的时候，留意自己的随身物品。

● 专家提醒

在火车上如何防偷

1.不要将装有钱、证件、手机等贵重物品的衣服挂在衣帽钩上。

2.不要经常清点贵重的钱物，以免引起扒手们的注意。

3.在列车上饮酒要适度，保持清醒。

4.长途旅行的旅客，在睡觉时要警醒一些，尤其是在深夜行车时，更要留神小心。

5.不吃陌生人给的饮料和食品。

6.不能委托陌生人帮补车票或看管行李。

7.到站时，人多拥挤，是发案的高峰期，所以下车出站前要收拾好自己的行李物品，按顺序下车出站。

8.扒手大多穿着较少，喜欢随身携带的物品有书、报纸、杂志和小型手包，用以掩护作案。

9.扒手上车后不找座位，喜欢东张西望，重点是看旅客行李和钱物。

10.扒手喜欢买短途车票，以便得手后及时离开。

11.扒手喜欢在车厢内频繁走动，不常坐在固定的座位上，为的是方便寻找作案目标。

● 急救措施

在火车上遭遇偷盗怎么办？

1.不论遇到何种情况，都必须保持清醒和冷静，请求列车乘警和工作人员帮助自己。列车上一般都有两名乘警在工作，会有一名乘警在车厢内巡视，旅客可以随时向巡视的乘警报告情况，请求帮助

2.如果对方是三五人团伙作案，在报告时还需注意策略，如表示头晕，要到其他车厢去找药；或拿起水杯去车厢外打水等，借机向乘警报告情况。

3.旅客可以使用列车110报警装置报警。

4.在遇到财物丢失时，可以向乘警说明案件发生的时间、地点、回

忆遇窃前后的情况，提供可疑人的特征，供乘警参考。

坐公交车如何防偷？

1.小偷一般趁上下车人多拥挤，选择下手目标或顺手牵羊，故意往你身体上挤、撞、贴。乘公交车时尽可能不要挤，上、下车时更不要争抢，不要给扒手可乘之机。

2.提前预备好零钱。有些乘客总是上车时才拿出钱包，从一大叠钱中抽出一张零钱买车票，岂不知小偷可能就在身边。

3.上车前发了短信或接了电话，上车时最好把手机拿在手里。

4.上车后最好往车厢中间走，把挎包、提包护在胸前。

5.尽量不要将项链、手链、戒指等金银首饰外露，财物外露很容易被扒手盯上。

6.不要在车上打瞌睡或只顾着说话。

7.不要在外套口袋放财物。因为秋冬季衣服较厚，小偷更容易得手。

8.不要贪小便宜。部分不法分子经常采用扑克牌骗局、易拉罐饮料"中奖"或是以作废的外国纸币兑换人民币等方式骗取乘客钱财。

9.学会听驾乘人员的"话中话"。司机在驾驶座，位置比较高，又有后视镜，有时司机发现扒手后，不便直接明说，就会用一些双关语提醒乘客。比如看到窃贼将手伸进乘客的口袋时，有驾驶员会突然冲这位乘客说："哎，大家看好自己的东西，别掉了啊！"有驾驶员发现乘客被贼盯上，就主动和这位乘客打招呼，询问到哪里下车，劝他们往里走，看似多余的话其实是在提醒乘客脱离险境。看到一位乘客的手提包被小偷拉开了，乘客却浑然不知，驾驶员突然想起乘客打完卡放在包里，便突然对乘客说："你刚才打了几下卡？拿出卡来我查询一下。"驾驶员若发现那些"面熟"的惯偷，在乘客上车时会加重语气说："请注意！请注意拿好自己的东西，往里走。"等等。

● 小贴士

怎样识别小偷？

一看眼神。小偷两眼总是注视着顾客的衣兜、皮包、背包，目光游离不定。

二看物品。小偷作案的时候，为了遮挡旁人的视线，常用自己的胳膊、提包、衣服、书报等遮掩被窃对象的视线。

三看行为。在人多比较拥挤的地方，小偷会在人群中钻来钻去；公交车来时，小偷从前门挤上去，又立即从后面下来；小偷在排队时排到前面，又退出来重新再排队，或者故意制造混乱、拥挤等。

四看位置。公交车是小偷活动比较多的场所，小偷上了公交车后，即使有座位，他们也不会去坐，而是站在门口或过道里。

核战自救

● 现场点击

核战爆发了。当一枚原子弹当空爆炸，瞬间30倍于太阳的强光，将世界映照得如黑白底片般体无完肤，田野中的儿童捂着突然不复存在的眼睛对天呼号。然后才是冲击波，一对夫妇躲在墙角的桌子底下经受地动山摇。还有偏离目标航线半路掉到别处的核弹头。接下来才是两平方公里的烈火，时速100英里的火焰风暴造成强烈低气压，救火的人们被卷进火焰，一个接一个被吸进去，葬身800度的烈火，那侥幸逃过来的，又在窒息中如疾风中的麦浪般一茬茬晕死下去……核战使百万人立即化为灰烬，活着的人们开始了漫长的人间炼狱……

● 专家点评

这是一部电影中对核战爆发场面的虚拟。在核武器历史上，第二次世界大战中的广岛市原子弹爆炸、长崎市原子弹爆炸使这两座城市几乎完全被消灭。核战以核武器为主要毁伤手段，其特点是战争的规模、突然性和破坏性将比常规战争空前增大。其核爆产生的核辐射废料会布满大地，空中也会有辐射尘埃，造成长时间大范围的核污染。最后也是最重要的一点，大规模核战争会致使地面上的大量尘埃上升到大气层中，遮蔽阳光，引起"核冬天"，时间可能长达几个月到几年。

● 急救措施

严重的核爆与辐射突发事件，既可发生放射损伤，也可发生各种非放射损伤和放射性复合伤。在应急救护人员到达以前，现场公众组织及时的自救、互救不仅能使伤员得到及时救治，而且能保证大部分医疗抢救力量优先抢救重伤员，从而提高现场的抢救率。

1.对伴有爆炸的核辐射突发事件现场，可根据不同情况进行自救和互救，主要救护有：

挖掘被掩埋的伤员；灭火和使伤员脱防火灾区；简易止血；简易包扎或遮盖创面；简易固定骨折；消除口鼻内泥沙，对昏迷伤员将舌拉出以防窒息；简易去除污染；护送伤员等。

2.在有较大量放射性物质向大气释放的突发事件的早期和中期，隐蔽可能是最好的防护措施之一。在此类事件的早期阶段，烟尘通过时的吸入剂量往往比外照射剂量要大。大多数建筑物可使在室内的人员吸入剂量降低约1~2倍。但往往在几小时后吸入量迅速减少。隐蔽在室内也可以减少外照射剂量，其效果视建筑物的类型与结构而定，建筑物越大，效果越明显。砖墙建筑或大型商业建筑物，可将来自户外的外照射剂量降低10倍或更多；但开放型或轻型建设物的防护效果较差。隐蔽一段时间后，隐蔽体内空气中的放射性核素浓度会上升，此时要进行通风，以便将空气中放射性浓度降低到相当于室外空气较清洁的水平。一般认为隐蔽时间不应超过2天.

3.撤离。是指人们从其住所、工作或休息的场所紧急地撤走一段时间，以避免或减少由高水平沉积放射性物质产生的高剂量照射。在大多数情况下，一般几天之内会允许撤离者返回自己的住所。由于时间较短和暂时居住，可以在类似学校或其他公共建筑物内暂住；若撤离时间超过一周，则应安排到更好的一些居住设施内。实施撤离行动因时间紧迫、困难较多、风险较大，易造成混乱，因而采取撤离行动应持慎重态度。

4.个人防护措施。当人们开始隐蔽及由污染区撤离时，可使用简易的个人防护措施，对呼吸道和体表进行防护。用简易方法（如用手帕、毛巾、布料等捂住口鼻）可使空气中放射性物质吸入减少约90%。但防护效果的大小与放射性物质的理化状态、粒子分散度、防护材料特点及防护物（如口罩）周围的泄漏情况等因素有关。对人员体表的防护可利用各种日常衣具。简易的个人防护措施一般不会引起伤害。花费的代价也小。对已受到或疑受到体表放射性污染的人员，需要用水淋浴去除污染，并将受污染的衣具脱下存放起来，以后再进行监测或处理，防止将带有放射性衣物扩散到未受污染的地区。另外，不要因人员消除污染而延误撤离或避迁。

5.公众应与政府主管部门或媒体取得联系，快速组织现场监测和评价，以判断放射性污染的性质、实际的污染水平及范围，用以指导后续的应急行动。并按应急响应组织的要求决定应采取的措施。

●小贴士

恐怖分子可能通过什么途径制造核辐射恐怖事件？

恐怖分子可能通过下列三种途径制造核辐射恐怖事件：

一是直接将容易扩散的放射性物质散布到环境（空气、水体等）中或将常规炸药与放射性物质制成爆炸装置（脏弹），通过爆炸使放射性物质广泛散布。

二是从地面或空中对核设施（如核电站、研究堆等）或重要核活动（如放射性物质运输）实施攻击，使在设施或容器内的放射性物质向周围环境释放。

三是通过非法手段（偷盗或非法交易）获得核材料用以制造爆炸威力较低的粗糙核武器。

上述三种途径中，直接散布放射性物质或使用放射性散布装置是恐怖分子比较容易实施的途径。

沦为人质自救

●现场点击

小蒙的家境比较好。一天，他在放学回家途中被一辆白色吉普车拦截，上车后被一名男子打了一针，等小蒙醒来的时候，手脚已经都被捆绑，眼睛被黑布蒙住，嘴里被塞上东西并且外面被勒上。小蒙醒来之后并没有马上挣扎，通过倾听他们的谈话，初步判断绑匪共有两人，而且得到了"三天之内拿到钱就放人"这个重要线索。这说明，在三天内，小蒙应该是比较安全的。几天里，绑匪并没有与小蒙进行过多的交谈，只是每天按时给小蒙喂饭喂水。吃过饭之后，小蒙又被堵上嘴。第一天，绑匪轮流看守小蒙，小蒙非常老实。第二天，绑匪有些松懈了，只是偶尔来看一眼小蒙。晚饭的时候，小蒙感觉胳膊和身体的绳索有些松了，心里暗暗高兴。第三天，两个绑匪商量着怎么去取钱，最后他们决定一起去，这样可以相互照应，提前望风。走之前，两个绑匪检查了绳结，小蒙绷紧了肌肉，这样加固捆绑之后，他仍然有一定的活动余地。绑匪走后，小蒙便开始慢慢地挣扎。他决定先想办法弄掉蒙住眼睛和堵着嘴的东西。小蒙先尝试着慢慢挪动身体，因为捆绑脚的绳子又直接绑在身上，使得身体无法伸展开，也无法移动身体。通过3天中的"听力观察"，小蒙知道他身边应该有个木头桌子。他慢慢地在原地转圈蠕动，头终于碰到了桌子腿。于是在桌子腿上慢慢磨蹭蒙眼的黑布。小蒙眼睛被蒙的时间较长，蒙眼布其实已经比较松了，所以弄掉蒙眼布还是比较顺利的。但是尝试了几次，也没有把嘴上勒在毛巾外面的丝袜弄下来。等他适应了室内光线，他发现自己是被关在一个小库房里面，库房里除了有一张木桌和几个纸箱之外，没有其他的东西。现在阻碍他自救的，只剩下连接捆绑上肢和脚踝的麻绳。小蒙不但两个手腕被反绑在一起，手腕及肘部还与身体紧紧捆绑在一起，所以根本没法摸到上面的绳结。他只能尽量把脚往身后翘起，好让手能够摸到脚上的绳结。幸好绳结已经松了。由于手脚不再紧紧地限制在一起，所以小蒙能够较大范围的挪动自己的身体。此时的小蒙非常冷静，他慢慢的把桌子顶到门口，再把几个纸箱顶在桌子后面，然后把身体移动到门边上，背靠着桌子，用力把门踹开。就这样，小蒙蹲跳着蹦了出去。他尽量往可能人多的地方蹦，有人发现后立即报了警并帮助小蒙松绑，随即小蒙被送往医院。

● 专家点评

小蒙的成功脱险，与他自己的沉着冷静是分不开的，他知道如何把握机会，如何利用周围能够利用的东西，而且能够做到坚持不懈。两名绑匪也不是非常的凶残，他们不但给小蒙按时喂食物，在绑架过程中也没有对小蒙的安全进行侵犯。

● 专家提醒

1.在捆绑过程中，要尽量避开水管、暖气、桌椅、架子等物品，因为歹徒可能会把绳子和这些固定物捆在一起，不但造成自救的困难，而且容易引起机械性窒息（长时间保持某种姿势造成血液循环不畅）。应趴在床上或地板上接受捆绑。

2.如果歹徒要捆绑你，一定要把肌肉绷紧，这样他一走，就比较容易把结打开。

3.被捆绑过程中，要注意感觉绳结的位置。

4.如果一时无法挣脱捆绑，请尽量慢慢活动，比如要活动手指脚趾，保障呼吸和血液循环。

5.注意保存体力，不要过度透支体力。

6.嘴部被堵住后，不要呕吐，尽量下咽。否则容易窒息。

● 急救措施

几种常见捆绑方式的挣脱步骤：

歹徒用作捆绑被害人的捆绑物有很多种。其中尼龙绳最多，其次是胶带、麻绳、电线、塑料绳、床单、棉绳、书包带或布带、女士长筒丝袜或连裤袜等。以上大部分捆绑物，被捆绑人都可以自行挣脱。挣脱的成功率与捆绑的复杂程度、捆绑的部位、捆绑时间、捆绑环境都有关系。

1.手脚均被床单捆绑，手反捆，脚踝捆绑。——先尝试挣脱反捆双手的床单，如果无法挣脱，那么尝试脱掉鞋子，先挣脱脚上的捆绑。

2.手脚被胶带反绑缠绕，嘴巴被胶带粘住。——用唾液润湿胶带呼救或用力运动使手腕出汗，让胶带粘性降低，自然挣脱。

3.手腕被尼龙绳捆绑，肘部、脚踝、小腿、膝盖均被捆绑。——如果是一根长绳从头到尾捆绑，找寻锋利物磨断部分绳索。如果是多段尼龙绳捆绑，先尝试挣脱下肢的捆绑，或者倚靠墙壁起身呼叫，尝试先摆脱堵嘴物的限制。

4.被麻绳捆绑在椅子上。先尝试挣脱捆绑，椅子与身体之间的缝隙一般比较大，容易有挣脱的空间。在被捆绑时，尽量双脚并拢，并且脚能够踩到地面，这样被捆绑后，可以带动椅子缓慢移动，以便呼救或者找寻剪刀。

5.上半身五花大绑，脚腕和小腿被捆绑。——在锋利物上面蹭开胳膊上的绳子。五花大绑的软肋在胳膊上。

6.手被反绑，脚腕被绑，手脚被绳子连接捆绑在一起。——如果小腿没有被捆绑，用膝盖移动身体；如果小腿也被捆绑，用肘部支撑身体移动；如果均被捆绑，先侧身躺下，蠕动身体前行呼救。

7.铁丝、电线、手铐等捆绑，一般只能争取呼救解脱捆绑。

● 小贴士

被歹徒封住嘴巴时应该注意什么？

一般情况下，歹徒并不会完全切断被害人的呼救渠道。但在被绑架的时候，基本上都会被封住嘴巴。

堵嘴：堵嘴时应注意尽量用牙咬住堵嘴物，不要让堵嘴物压住口腔造成窒息。在歹徒离开之前，不要吐出口中的堵嘴物。

封嘴：胶带封嘴时最好能够略微向外"撇嘴"，这样等到歹徒离开后，你可以吐口水让胶带失去粘性。

勒嘴：如果没有先被堵嘴再被勒嘴，那么这个时候不必过于紧张，勒嘴对呼救限制的程度较低。

蒙嘴：注意不要被蒙住鼻子。

女生遭遇施暴自救

● 现场点击

学生钱某被歹徒吴某劫持钱财之后带到深山里，吴某将她按倒在地，并动手解她的衣服。身陷险境，钱某拼命护住自己，大声呼救，但她的呼叫在这深山野岭里根本不起作用。钱某没有放弃，她趁吴某不备之机，突然翻身滚下山坡。赖某追上去，狠狠地搧了她两记耳光并用手卡住她的脖子，恶狠狠地说："你再反抗，我要你的命！"钱某又惊又怕，浑身火辣辣的痛，已经没有力气反抗。吴某再次压在她身上，还把舌头伸进她的嘴里。钱某马上用牙齿狠狠地咬住吴某的舌头，吴某如同杀猪般尖叫起来，他想把舌头抽出来，钱某却咬住不放。恼怒的吴某举起拳头要打她，可钱某稍稍用劲，吴某便痛得嗷嗷乱叫。于是，钱某咬住吴某的舌头，两人嘴对嘴侧身在山坡上行走。吴某身材高大，必须半蹲着，因为疼痛，他鼻子里不断发出呜呜的声音。终于，两人从山坡走到公路边，一家小卖部门口。钱某用手敲门，小卖部的老头以为是一对情侣在接吻，没有开门。钱某狠狠用脚踢门，老头这才拉亮电灯，看见两人满嘴是血，他顿时惊呆了，报警之后，民警把吴某带走。

回忆过去，钱某仍心有余悸，她说："面对危险，我从来没有放弃过，当他的舌头伸进我嘴里时，我知道我有救了，但我不能咬断他的舌头，否则他看见舌头已经断了，就毫无顾忌，可能会马上报复我。"

●专家点评

学生钱某自救成功绝非偶然，首先她从未放弃自救，更重要的是她非常聪明，临危不乱。法律规定，正在遭遇强奸伤害的被害人享有无限防卫权利，被害人防卫的空间非常大，因犯罪分子作案时一般比较仓促，会留下许多破绽，只要受害人学会一些基本的自卫技能，攻其不备，就有可能获得自救。

●急救措施

在女生遭遇强奸事件中，同时发生暴力伤害的比例是很大的。这取决于罪犯的犯罪心态和受害者的反抗程度。如果罪犯怕事情败露，他通常会杀人灭口；如果受害人反抗激烈，罪犯失手伤害她的可能性也很大。但是应该说牙咬、手抓、脚踢的手段所达到的效果是有限的，甚至会惹恼罪犯，使之痛下杀手。比如：掐昏女子，然后强奸（这是经常发生的情况）。身陷险境的女子真的要智勇双全。

1.如果是在一个开放的环境中，比如荒郊野外，趁早逃离险境，是明智之举。但要注意，不要慌不择路，跑入一个封闭的环境；要尽量向可能人多的地方跑，跑时要大声呼救。被歹徒追上的可能性也是很大的，特别是从后面扑倒女子。所以逃跑时，能随手抓到一些抵抗之物也是很重要的，例如：石头。

2.如果在一个封闭环境中，你就要仔细观察，主要是看歹徒手中是否有凶器。如果有凶器继续智斗，如果没有凶器，而附近可能会有人听见你们的打斗声，你可以选择和他殊死一搏。

3.如果他有凶器，你最好选择智斗。这时，你就要和他交谈。语气一定要镇定，恐慌只会激起他犯罪的欲望。那么说什么呢？第一步，假装不知道他有强奸你的企图。但要明白无误地告诉他两个信息，一是见过他这个人（不要太确切，可以说在某个公共场合，和很多人一起见过他）；二是你有同伴，并且有好几个男性，他们很快就会来找你。比如你可以说："你是修下水道的师傅吧，我大哥在下面接你，没有接到吗？我家楼下的水管也坏了，你先去他们家看看一会再回来也行。"歹徒如果相信了你的话，他会害怕你大哥马上回来；会害怕你的叫喊惊动隔壁的邻居。而这时他还未实施犯罪，罪行还没有败露。完全没有必要铤而走险。他会很自然地就装做下水道修理工，借口去邻居家而离开你。

4.当然，他也可能事先摸了底，知道这里只有你一个人而不会相信你。这时，你要表现得很合作。你要表示对他手中凶器的害怕，希望他拿远点。只要他手里没有了凶器，机会就来了。你可以选择三种方式来击退他。一是找到机会，用你全身的力气捏碎他的睾丸。只是千万别松手，哪怕他用重物击打你的头部，只要你不昏死过去，一定要拼命捏碎他的睾丸。第二种方式，是趁机咬断他的舌头。第三种方式，趁他手伸过来时，一口咬住他的手指，然后，咬断它。

5.最不幸的是你在彻底清醒之前，已经被完全解除了武装。身上一丝不挂，并被歹徒压在了身下。这时最好选择合作的态度。当然，对受过教育的歹徒，可以告诉他你有性病或者艾滋病；对没受过教育的歹徒告诉他你命硬克人。在他蹂躏你的过程中，无论你有什么感受，都不要做过分的表示。

6在遭到强奸以后，应立即报案，不要清洗阴道等以免消除作案证据，还要注意紧急避孕。你还需要注意的是去医院接受性病检查。如果有外伤，要先做处理。

7如果歹徒你认识，你不去报案，他会有恃无恐，会三番五次地强暴你；如果不认识，比如流窜犯等，会危害更多的女性。

● 小贴士

被歹徒按压在身下怎么办？

如果倒地后成仰卧姿势，被歹徒按压，可能采取的直接攻击的方法有：

1.如对方是分跨于仰卧者身体站立，而俯身抓、掐、压制仰卧者，仰卧者可抬腿蹬击其裆部。要领是要抬起腰、臀，用出将身体送出去的力量猛蹬。

2.如对方手肘抬起，露出腋下，可用掌夹、风眼捶、勾手等猛击其腋窝。

3.直接戳击对方眼睛和戳击对方咽喉，有意想不到的效果，因为这时距离很近。

4.如果手臂未被压住，对方的手臂又未形成阻隔（多在抱胸腰时），可用肘尖横击其太阳穴。要点是要用上腰腹之力、旋臂之力。

5.如歹徒强行亲吻仰卧者，可抓住机会咬掉其鼻尖或舌尖。但要注意的是，被咬伤后的歹徒可能更丧心病狂。因此要在狠咬之后，趁其负痛一时失智的机会,连续进攻,再对其要害部位实施攻击。

6.以头撞其鼻梁,抬头要猛。被歹徒按压时,如手未被按压,可张开手掌,以掌根猛击歹徒鼻梁。轻者鼻血长流,重则可致昏厥。如果歹徒抱住的是后腰际,那么歹徒必然弯腰,头较低,这时可猛仰头以后脑击其面部。

7.如果抓到歹徒的手,反方向折其拇指或小指。

遭遇抢劫自救

●现场点击

昨天下午,涉嫌持刀抢劫的犯罪嫌疑人周某被刑事拘留。前日晚,周某在一家医院外的马路上,持刀对一名取款学生实施抢劫未遂。"我当时从医院出来提款给我爸交住院费押金,遇到抢劫犯,我的第一反应就是钱可不能让他拿走了!"学生谢童说,"当时正是晚上7点多,行人并不算稀少。但是银行的自助提款机前就我一个人,我拿了2000块钱,还特意看看有人注意我没有,然后放进夹克的内兜里。我想穿近道能快点到医院,刚走到一个胡同,就有人用刀顶住我,我不想让他那么容易得逞,我就告诉他,这个取款机坏了,我需要再找个取款机。他相信了,其实我是打算伺机逃跑"。出了胡同就到了马路上,谢童瞅准机会,挣脱了周某,边跑边喊:"救命啊,抢劫!"谢童的喊声引起了路人的注意。听到谢童呼救,周某慌忙逃跑。谢童在市民的帮助下拨打了110。

●专家点评

谢童在这起抢劫案中作为受害者,她有一点值得大家学习,她很机智,知道如何与犯罪嫌疑人周旋,比如说取款机坏了,提出换一台取款机。那么,遇到这样的情况,我们应该怎么做呢?如果遭遇抢劫时孤身一人,势单力薄,没有能力将犯罪分子制服,可以采取多种方法脱身。常见的有:"呼救脱身法"、"周旋脱身法"、"恐吓脱身法"等等。万不得已,也要充分进行比较,"两害相权取其轻",争取把损失降到最小,保住最大的合法权益。在人身权利与财产权利相比的情况下,人身权利自然大于财产权利,自然应舍弃财产以保全自身。我们的社会在观念上也不应鼓励青少年在面对比自己强大的犯罪分子时，"大义凛然"、"勇于搏斗"，去做无谓的牺牲。

●急救措施

遭遇抢劫怎么办？

1.夜深人静的时候行路，应随时注意有没有人尾随，发现有人尾随，应往明亮处及人多处走。如发现有人一直尾随，就找机会报警。学生在放学时如果出现可疑情况，应当和同学一起返回校园，向老师求救。或者打电话请父母来接。如果回家的路比较偏僻，尽量与同学结伴而行。

2.在路上不要与陌生人交谈。

3.如遇到抢劫，首先保持镇定，不要惊慌失措。冷静地分析一下自己的状况、周围的环境和歹徒的行动目的，伺机而动。如果周围人较多或者有熟悉的人，可以大声呼救。如果面对的是一个歹徒而他没带凶器，就可以与之周旋，乘其不备跑掉。

4.如果遇到的歹徒人多或带有凶器，切切不要与歹徒发生直接冲突，可将身上的财物交给歹徒，并在与歹徒周旋的过程中弄清他们的来路，记住歹徒的相貌体态，衣着口音等特征，以便事后及时报警时为警察提供线索。

5.随机应变保护自己的人身安全是首要原则。如果歹徒的目标不仅是钱物，还要对你进行人身侵害时，就必须设法奋力反抗。利用书包、鞋子等向歹徒发动突然袭击，攻击其要害部位。

6.如果是你认识的人或本校学生对你勒索财物，不能表现得软弱可欺，要明确拒绝并警告他们要报告老师或公安机关，否则以后会经常被他们骚扰。

7.尽量不要将项链、手链、戒指等金银首饰外露，财物外露很容易被歹徒盯上。

8.外出游玩、购物时要告知家长自己的明确去向、时间安排。尽量不要单独行动，随身携带的钱物要妥善保管。

9.晚上回家发现楼道灯不亮了，应先给物业公司打电话，或者争取和邻居一起上楼。最可行的办法是让家长下楼接或和朋友保持联络，这样遇到险情可以及时报警。

● 小贴士

遇到抢劫之后产生的沮丧、恐惧不安都是正常反应，要找家长、老师或同学倾诉一番，不要让不良情绪郁结在心中，对自己的心理造成不良影响。

性骚扰自救

● 现场点击

周末，小艾乘地铁去同学家玩。在地铁上，她发现一个很猥琐的男人一直盯着她的腿。"那天天气很热，我穿的是一件短裤。"她说，"我最初采取的办法是转身背对着他，可是不一会儿，我突然感觉腿上痒痒的，低头一看，那个男子站到了我的旁边，看似无意地用手摸我的腿。我心里一惊，随即狠狠瞪了他一眼，又挪了个位置。可没想到他紧逼不舍，我怎么挪，他也怎么挪。更过分的是，我刚要下车，那人的手竟然伸了过来。我用胳膊一把挡掉，迅速下了地铁。"

"我的同学也有在公车上遇到这种情况的。有一次骚扰我同学的那个人西装革履，外表斯文，很难让人相信他会做出这种事情。还有我觉得遇到这种骚扰事件很丢脸，难以启齿告诉别人，担心别人知道了反而会奚落自己。公共场合人又多又挤，有时候别人到底是故意还是无意也很难判断。"小艾说。

● 专家点评

其实小艾大可不必这么忍气吞声。保守的选择是发现后立即下车，如果对方实在很无礼，可以先用眼神表达不满，不行就直接警告，请对方注意；如果他手上有动作，完全可以大声斥责，引起其他人注意，让他知难而退，如果再狠一点，也可以踩他一脚。同时女孩子也应尽量避免穿着暴露去拥挤和偏僻的地方。

● 急救措施

性骚扰表现形式尚无统一界定，一般认为有口头、行动、人为设立环境3种方式。

1.口头方式：如以下流语言挑逗异性，向其讲述个人的性经历或色情文艺内容。

应对招术：对于那些总是探询你个人隐私，甚至对你的目光和举止有异的男性，尽量避免与其单独相处。对性骚扰者要勇敢地说"不"，明确的拒绝可以给对方强有力的警示：你必须尊重我！

2.行动方式：故意触摸碰撞异性身体敏感部位。行动方式主要为公共场合身体上的骚扰，如在公共汽车上，故意紧贴对方的身体，产生肢体上的接触或碰撞等。

应对招数：对骚扰者高声喝斥，言词要强硬，可以狠打其手，也可以告知同行伙伴，引起公众的注意，使侵犯者知难而退。也可以巧借身上的物品当武器。如现在女性穿的尖头鞋，鞋尖跟细，是对付在公交车上"色狼"的最佳武器。用高跟鞋后跟在他皮鞋上用力踩几下，或者用尖尖的鞋头狠命地踢他的小腿，这些都可以击退"色狼"。没穿高跟鞋的，可以预先在小包里准备一个小别针，或者钥匙也可以，遇到骚扰时就将别针或钥匙捏在手里，"色狼"一靠近就扎他。

3.设置环境方式：即在生活场所周围布置淫秽图片、广告等，使对方感到难堪。

应对招数：一定要明确告诉对方，你对他的言行感到非常厌恶，若一意孤行后果严重。还要尽可能保留证据，如把他写给你的便条、送的淫秽画片或短信保存起来，以作证据之用。这些证据可以成为保护自己人格尊严、利益的重要砝码。

有些人由于怕羞，受到骚扰甚至胁迫不敢声张，这正是罪犯所求之不得的。怕羞使你失去反抗，忍受侮辱，并可能再次遭受胁迫与侮辱。

●专家提醒

性骚扰的情况比较复杂，防范与防卫手段也是多方面的。那么，如何预防性骚扰呢？

1.当在公共场所遇到性骚扰时，要及时避开此地，换个位置。并对有性骚扰企图的人暗示，把你的拒绝态度表示得明确而坚定，告诉对方，你对他的言行感到非常厌烦，若他一意孤行下去将产生严重的后果，对他是不利的。

2.消除贪小便宜的心理。在外面不要轻易接受异性的邀请与馈赠，应警惕与个人工作、学习、业绩不相符的奖赏和提拔。对熟人过于殷勤的好心和热情也要有所防范。对于那些总是探询你个人隐私，过分迎合奉承讨好你，甚至对你的目光和举止有异样的异性，应引起警觉，尽量避免与其单独相处。

3.外出时，尤其在陌生的环境，若有陌生的男性搭讪，不要理睬。不要在僻静的地方或房间里单独与异性接触，特别是不要与行为不检点的人结识和来往。要注意那些不怀好意的尾随者，必要时采取躲避措施。家长、教师要教育年轻女孩子学会保护自己，警惕那些行为不端的成年男性的骚扰，一旦发现有异常，可及时报告有关部门和人员。

4.为了预防性骚扰，作为年轻女性行为举止要端正，衣着不要太露，穿着袒胸的上衣或超短裙容易招致坏人的侵袭。不要去各种歌舞厅、酒吧，也不要单独去宾馆、旅店。女学生一般不要在深夜单独出门，也不要在同学家里过夜。更重要的是，增加一些有关性骚扰方面的知识，以维护自身利益。

5.男青少年受到性骚扰的可能虽然比较少，但并非没有。男青少年如果受到同性恋者或成年女性的性骚扰，同样要设法尽快摆脱，并及时告诉家长、老师与民警。

6.受到性骚扰后，不论程度如何，都会造成一定的心理压力和精神忧虑，为此，必须进行自我心理调节，不使心理失衡。如不及时调节，会产生性心理失常，不信任异性，恐惧异性，或反感压抑，导致性意识异常，带来心理障碍。

遭遇劫机自救

● 现场点击

某月6日，载有200余名旅客的航班升空后约半小时，坐在某座的一名大约30岁的男旅客突然情绪失控，开始大喊大叫："我要喝水！我要喝酒！"

"空姐看到他这样就立刻上前安抚他，请他坐回座位，并给他拿来矿泉水。当时我就坐在他旁边的座位。"才上高一的何红语气温柔地向我们讲述了这一幕："不料过了没多久，他又开始抽烟。空姐再次上前劝阻。谁知道，他的情绪突然变得十分激动，跳上椅子，并蹲在座位上脱掉上衣，开始大声叫喊：'老子就是要吸烟！'并点燃香烟继续大声叫嚷：'老子是特种部队的，我就是要劫机、炸机，你能把我怎么样？'听他这么一说，整个机舱内顿时骚动起来。我心里很害怕，咬牙不让自己喊出来。这时，我后面的一位乘客向我使了个眼色，随后和我调换了座位，挨着那名男乘客坐下，对其好言宽慰。那名乘客也是30岁不到吧，他与那位男乘客耐心周旋，不激怒他发生过激行为。后来我才知道，他是这趟航班的空警。"

"在每次执行飞行任务时，空警是穿便装还是制服都没有硬性的规定，一切都是上机前根据当天的情况安排。"机组人员介绍说，有些情况下，空警会身兼双职。即除了隐秘的警察身份外，他还有机组乘务员的公开身份，与机上空姐共同为乘客提供端茶送水等服务。在确定这名乘客身上并没有其他可疑物品并没有危险同伙的情况下，空警协同机组人员将他引至旅客较少的公务舱内，合力铐住其双手，将其控制在座位上。与此同时，地面机场警方接到报告，已经找到该乘客的亲属，证实其确患有间歇性精神分裂症。

"真是虚惊一场。"何红说，"当时，那个自称要劫机的人人说话语无伦次，眼神时而呆滞，时而游离，我就觉得他精神上肯定有问题"。机组人员对何红当时镇定的反应以及迅速领会乘警的意图的表现给与了充分肯定。

●专家点评

现在，各地机场的安全检查都比较严格，恐怖分子通常是不可能将爆炸品、枪支和管制刀具等东西带上飞机的。但如果遇到了恐怖分子劫机的情况，一定要要控制自己的情绪，不要做出失常行为。机组人员也都进行过相关常识的培训，乘客可以听从机组人员的指挥。

●急救措施

1.首先，应迅速掌握恐怖分子的动机、人数以及劫持飞机使用的武器等情况，这些信息至关重要。恐怖分子劫持飞机，往往经过了长时间预谋，设想过各种情况。这时，我们从恐怖分子的一举一动中，可以看出他们的决心和实力，这将有助于对整个事态进行评估和判断，以便决定下一步的行动。

2.一般恐怖分子首先要保证拥有飞机的控制权，所以会先去驾驶室，其次是劫持人质要求飞机飞向哪里。为了保障飞机和乘客的安全，一般发生这种情况，都会尽可能的满足劫机犯的需求，平稳落地后才会采取相应的行动。

3.此时不要乱动乱喊，应设法与人群混在一起，别引起恐怖分子注意，如果实在害怕，就低头闭上眼睛。

4.尽量控制情绪，不要跟劫机者争辩政治问题。凡会激发劫机者敌意之物，如军事身份证明文件等，都要藏好或干脆丢弃。

5.乘客要听从机组人员的指挥，及时领会机组人员的意图。机组人员都进行过相关常识的培训，而且还有空中警察随乘客一起乘机。面对劫机情况，他们往往会更加镇定，更知道应该怎样应对。

6.根据经验，乘客可能被派去协助做伙食、卫生和照顾其他人的工作。若发现有人情绪不稳，要设法抚慰。

7.不要总是想着劫机事件。如果终日为处境危险而忐忑不安，很易会因恐惧而做出蠢事。

8.假如被困在着陆飞机上，尤其是那些已无动力的飞机，没有空气调节（在沙漠地区，白天酷热晚上寒冷，情况更恶劣），可以恳求劫机者准许白天卸下机舱紧急逃生门或窗，使空气流通，晚上再装上，保持机内温暖。若劫机者同意，在晚上分发毛毯给乘客，让大家尽可能躺下。

9.要顾及卫生。飞机厕所设备大多是自动的化学循环系统，易遭填满，臭气熏天，须开启阀门排出秽物。水也可能短缺，若引擎关掉，供水即断绝。

10.流质食物比固体食物重要，尽可能要多饮流质。人体在高处比地面需要更多的水。不要喝酒，酒精会使身体失去水分。

11.要尽量争取时间休息。在保持身体健康、头脑清醒的情况下应对突发情况。

12.如果一旦做出对抗决定，要坚决果断采取行动，毫不留情。如果恐怖分子是亡命之徒，企图控制飞机的驾驶权，就有可能制造类似"9·11"恐怖袭击那样机毁人亡的事件。飞机上狭小的空间，实际上有利于乘客进行反抗。恐怖分子在这种时候，通常已进入亢奋状态，但这种状态不会持续很久。当然，组织起来并不是一件容易的事情，这需要每个乘客之间在最短时间内形成一种默契，甚至靠眼神来相互传递信息。

13.最后，当援救部队迫不得已要进行反劫机战斗时，乘客要迅速趴在座位下面，不要乱动。爆炸、闪光、枪声、惊呼等情况发生时，不要站起来。

14.战斗结束后，按照机组人员的指挥迅速撤离。机上可能已装炸药或发生油箱漏油的情况。飞机上都有紧急逃生的标志和救生设备的使用介绍，乘客应根据乘坐的不同机型，尽早熟悉这些方法。

遭遇流氓滋事斗殴自救

●现场点击

晚自习的课间时间，5名不明身份的青年分乘两辆摩托车闯进某县高中校园。当时正在校园巡视的校警发现这伙人后立即上前制止："请问你们找谁，这里是学校，不能随便进入。"校警话音未落就遭到这伙人围殴，被踢倒在地。学生黄杨看到这一幕后，立刻拨打报警电话。10分钟后，警方将这5名青年带走。经警方调查，这5人目前为待业青年。学校学生也证实，这伙人曾多次到学校滋事。"我们这次来，是要找一个叫王某的学生进行报复，想给他一点苦头吃。"其中的一名青年交待说。

警方表示滋事者大多是一些有劣迹、行为不轨的青少年。这些人行动的目的和动机往往比较短浅，只顾满足眼前欲望而不顾后果，容易受偶然的动机和本能所支配，他们自制力差，微不足道的精神刺激即可使之陷入暴怒和冲动之中。有些则结成团伙，蛮横无理、为所欲为、称霸一方。"我们将严惩影响学校教学秩序的歹徒。"陈警官说。

●专家点评

入校滋扰者，有的事先有明确的目的，有的并无确定目标。无论是哪种形式，受滋扰的对象往往都是学生。一般情况下，在校园内遇有流氓滋事，一方面要敢于出面制止或将流氓分子扭送有关部门，或及时向学校保卫部门报案，或打"110"电话报警，以便及时抓获犯罪嫌疑人，予以惩办；另一方面，要加强自身的修养，冷静处置，不因小事而招惹是非，积极慎重地同外部滋扰这一丑恶现象作斗争是义不容辞的责任。

●急救措施

具体地说，学生在遇到流氓滋事时，应注意把握以下几点。

1.提高警惕，做好准备，正确看待，慎重处置。面对违法青少年挑起的流氓滋扰，千万不要惊慌而要正确对待。要问清缘由、弄清是非，既不畏惧退缩、避而远之，也不随便动手，一味蛮干，而应晓之以理，以礼待人，妥善处置。

2.充分依靠组织和集体的力量，积极干预和制违法犯罪行为。如发现流氓滋扰事件，要及时向教师或学校有关部门报告，一旦出现公开侮辱，殴打自己同学等类恶性事件，要敢于见义勇为，挺身而出，积极地加以揭露和制止。要注意团结和发动周围的群众，以对滋事者形成压力，迫使其终止违法犯罪行为，那些成群结伙，凶狠残忍的滋事者，总想趁乱一哄而上，为非作歹，只有依靠群众，依靠集体力量才能有效地制止其违法行为。一是对滋事者形成群起而攻之的局面，几个滋事者是不足为惧的，是完全能够被制服的。

3.注意策略，讲究效果，避免纠缠，防止事态扩大。在许多场合，滋事者显得愚昧而盲目、固执而无赖，有时仅有挑逗性的言语和动作，叫人可气可恼而又抓不到有效证据。遇到这种情况，一定要冷静，注意讲究策略和方法，一方面及时报告并协助有关部门进行处理；另一方面采取正面对其劝告的方法，注意避免纠缠，目的就是避免事态扩大和免得把自己与无赖之徒置于等同地位。

4.自觉运用法律武器保护他人和保护自己。面对流氓滋扰事件，既要坚持以说理为主，不要轻易动手，同时又要注意留心观察、掌握证据。比如，有哪些人在场，谁先动手，持何凶器，滋事者有哪些重要特征，案件大致的经过是怎样的，现场状况如何，滋事者使用何种器械、有何证件，毁坏的衣物和设施是什么，地面留有什么痕迹，等等。这些证据，对查处流氓滋事者是很有帮助的。

学生除积极防范和制止发生在校园内的滋扰事件外，更应加强自身修养，不断提高自己的综合素质，严格要求自己，决不能染上流氓恶习而使自己站到滋事者的行列中去。

● 小贴士

遇上打架斗殴怎么办？

回家上学途中、假日出去游玩时，都可能会碰上打架斗殴事件，面对这种伤害性比较强的事件，还是尽量以不参与为好，那么应该怎么做才合适呢？

1.如果是陌生人在打架，不围观，不起哄。还未形成彼此伤害时，可以立即就近拨打110报警，然后马上离开现场回家。

2.要是打架双方发生了流血事件后，又停止了斗殴，你就应该在报告民警的同时，上前帮助其他围观劝架者将受伤人员及时送往医院救治。

3.打架的一方如果是您的同学或熟人，切忌凭一时冲动，仓促上前劝架或拉架，这种方式有可能自己反倒先受伤。也切忌哥们义气占上风，盲目助阵或参与斗殴。这样做不光自己有被伤害的危险，也有将别人殴打致伤的可能，这些做法都不利于解决问题，只能助纣为虐，造成更大骚乱。

4.如果打架中有一方是自己熟识的人，要劝阻这方人员率先停止武斗。可以采取不靠前，站在一边喊话的方式，也可以乘机拉住认识的主要人物离开斗殴群体，再拨打110报警，或求助巡警解决。在采取隔离措施时，应当首先拉自己的同学或朋友，以免被对方误解为强解劝，或者将您当作对方的"同伙"而受到无故伤害。

5.当有关部门调查打架真相时，现场目击人要勇于出来向有关部门提供线索和证据，以保护受害人的合法权益，使肇事人受到惩处。

遭遇暴力教师自救

● 现场点击

王长阳在某县上初中。他的父母告诉记者，今年放暑假后大约五六天，孩子就发高烧。家长以为是感冒，就在附近诊所打针治疗，两天后又发烧。这样持续了十几天后，反反复复，不见好转。诊所医生建议他们去上一级医院再做检查，后经医院化验，证明长阳是贫血。可在输液补血几天后，发烧继续。

此时，王长阳的症状愈发明显：没有食欲、走路弯腰、脸色苍白、四肢无力。王长阳的父母很是疑惑，他们在医生的建议下，给王长阳做了一个全面检查。检查的结果让父母们大吃一惊，"医生怀疑孩子脾破裂，要求马上住院治疗，推测可能是因为外力打伤造成"。

在反复追问下，王长阳才吞吞吐吐中说出曾经遭遇过老师的殴打。时间大概是放假前10天左右，由于没有完成作业，王长阳被老师单独叫到办公室接受问话，"老师先用木棍子打，而后，用力踹背部和腹部几脚。"对于那段遭遇，王长阳边回忆，边流泪。那为什么不立即通知父母呢？"我以前就和我爸说过，我爸说，你不听话，就该打。"听了王长阳的话，他的父母后悔不已。

●专家点评

我们要辩证地分析来自学校方面的侵害，一方面老师教育学生的目的是爱护学生，帮助学生健康成长；另一方面学生要主动地与父母、老师交流思想，避免相互不理解而造成的伤害。但是对于老师对学生实施体罚、变相体罚和其他侮辱人格尊严的行为，要敢于拒绝，甚至用法律武器保护自己的合法权益。在本案例中，家长的错误心态使得孩子成了校园暴力的无辜受害者，导致极端事件的发生。在得知孩子被老师打骂时，不少家长都抱着不打不成才的心态或者怕孩子遭到老师的报复而忍气吞声。作为学生来讲，如果知道了自己享有的权利，就要努力维护和享受自己的权利，形成自我保护意识。

●急救措施

遭遇暴力教师怎么办？

如果你是学生：

1.你应该在心平气和的情况下，第一时间告诉父母事情的经过，所说的越详细越好。如果父母也不能辨别是否为暴力侵害，应向法律服务机构咨询，维护学生的合法权益。

2.和父母（监护人）一同去找实施暴力的老师谈一谈。老师也是普通人，也会犯错，试着了解对方，互相达到共识。当然，使用暴力的老师，一定得让他道歉。

3.如果他坚决不愿意认错或者事后对你恐吓报复，可以去校方投诉他。相信大部分学生对这样的老师也很不满意，你可以结合同学们的力量多了解一下这个老师，可以写联名书。不要把投诉书塞到校长信箱里，一定要他当面答应解决。

4.如果校方包庇实施暴力的老师，去教委去投诉或者用法律的手段制裁他。

5.如果动用法律手段，那你就要收集一些他使用暴力的证据。对于那些少数师德不良、社会影响恶劣的害群之马，要坚决从教师队伍中清除出去。

● 小贴士

我国《义务教育法》第16条规定："严禁体罚学生。"《教师法》第37条规定："体罚学生，经教育不改的，要给予教师行政处分或解聘；情节严重，构成犯罪的要依法追究法律责任。"

《未成年人保护法》第15条规定："学校、幼儿园的教职员应当尊重未成年人的人格尊严，不得对未成年学生和儿童实施体罚、变相体罚或者其他侮辱人格尊严的行为。"

面对性骚扰教师自救

● 现场点击

那年小丽15岁刚上初二，由于学校离家比较远，所以小丽住校。一天晚上刚下晚自习，小丽回到宿舍，宿舍里没有人。小丽正要出去洗脸，她们班主任张老师进来了，他告诉小丽这次的语文测验很不理想（张老师是语文老师）。小丽很疑惑，尽管语文是她所有科目最差的，但是她的成绩很稳定，七八十还是有的。但此时她更多的是感激老师的关心。张老师带小丽去了教室，教室很宽敞，小丽的位置比较好，在中间，张老师没让小丽坐自己的位置，而是选择了最后一排靠门的角落里，而且只开了一盏灯。开始，张老师认真地讲解了几道题，但语气似乎跟往常不同。突然，张老师把手搭在了小丽的肩上，小丽有些不自在，往旁边挪了挪，但张老师非但没有拿开，反而抚摩起小丽的背来。

小丽紧张极了，不知道如何是好，而张老师却仍然在讲题目，当时小丽完全是懵了，而张老师的手仍在继续……

这样持续了能有5分钟，突然有人敲教室的门，说："这么晚了谁还在教室啊？"原来是看门的老大爷，这才算救了小丽。张老师马上把手移开，开门和看门的老大爷解释，然后才放小丽回宿舍。

●专家点评

为什么校园性骚扰如此猖獗呢？除了归咎于某些人道德低下的劣根性外，还在于当事人往往难以启齿，调查取证又异常困难，以致司法部门处理起来常常觉得无能为力。而且受"家丑不可外扬"等传统观念的束缚，很多学校对校园性骚扰采取的是一种息事宁人的消极政策，并没有从根本上重视越演越烈的校园性骚扰，这就给骚扰者以可乘之机。

上面的事件中，小丽就遭遇到了这样一种尴尬的局面，如果小丽把张老师告上法庭也很有可能因为证据不足而败诉。但是这不是说，小丽就无计可施，只能忍气吞声，她可以一开始就坚决地表明自己对张老师的这种行为非常反感，千万不能因为碍于情面而不敢说，这样会让张老师大胆地采取更过分的举动。因为骚扰者在进行性骚扰行为之前，通常是有一定的准备的。他会先从一些轻微的行为入手，试探你的态度。此时，如果你坚决的反对，有可能打消骚扰者的邪念。

●急救措施

1.一旦你发现苗头的时候，你就要万分小心了。比如学校里在这方面口碑不怎么好的老师找你讨论问题时，你要尽量选择在公共场所人多的地方，如上班时候的办公室、白天有其他同学的教室等，如果这个老师非要你去他家里不可，你可约上同班的同学做伴，这样，对方就很难有机会进行性骚扰了。

2.如果你已经被性骚扰，反抗的方式也要视情况而定。因为学生大多数情况下都是处于弱势的一方，如果我们采取激烈反抗的措施很有可能招来老师的更强烈的侵犯或者老师因为羞愧难当或害怕事情暴露而采取更加极端的手段。所以在这种情况下，我们需要冷静与机智，可以通过转移对方注意力或说服对方展缓行为实施，或说服对方转移地点等，以赢得时间来化解危机。

3.如果有以上的情况发生，你一定要告诉你的父母。必要的时候我们还要拿起法律的武器了保护自己，但是我们一定要有足够的证据能够证明自己遭受到性骚扰，人格尊严和身体权受到了侵害，比如说，现场的目击者、老师给你发来的不健康的短信息等，才可以向人民法院提起诉并要求骚扰者进行赔偿。

4.面对性骚扰，我们不应沉默，也不能沉默，因为沉默，会让自己显得更加软弱，性骚扰者会更加有恃无恐。

面对家庭暴力自救

●现场点击

在郭冬的记忆里，自己和母亲一直遭受父亲郭某酒后的殴打。4月18日，郭某醉酒后再次对妻子及儿子郭冬进行谩骂和殴打，郭冬母亲的头部被他的父亲用铁腿椅子打伤，流血不止。郭某还拿起菜刀扬言要杀死他们母子。17岁的郭冬终于不堪忍受折磨，绕到郭某背后用绳子勒住其颈部致其死亡。之前，居民委员会曾试图调解，但没什么效果。郭冬的母亲也想离婚，但郭某坚决不同意，并多次威胁郭母的生命安全。

"我后悔用暴力来对抗暴力！"郭冬说，进入少年管教所之前他对法律方面的知识所知甚少，一时激愤导致犯罪。现在他学习了相关法律知识，才认识到自己当初行为的愚蠢和错误，"求助法律解决问题是最好的办法！"郭冬表示，如果当时他法律意识较强，将家庭暴力问题用法律武器解决，那么就不会出现今天的局面。

●专家点评

家庭暴力给社会带来了不稳定因素，如不及时有效地遏止家庭暴力，受害者本人又不知用法律保护自己，在忍气吞声、长期遭受暴力的扭曲心态下，会采取法律禁止的手段，如故意杀人报复，酿成恶性事件，给社会带来恶劣的后果。本案中的郭冬在多次忍受父亲对母亲及自己的任意打骂之后，选择了极端的维权方式，亲手剥夺了父亲的生命。其实他可以用法律武器维护自己的合法权益。

●急救措施

遭受家庭暴力怎么力？

假如你的家人或自己遭受了家庭暴力，你可以采取以下措施：

1.自己和施暴者谈谈并对施暴者的这种行为发出警告，争取能解决。许多恶性的家庭暴力案件，都是因为受害者的一再退让，而导致施暴者肆无忌惮。如果施暴者没认识到这种施暴行为的严重性和法律后果，其施暴行为就会逐渐升级，愈演愈烈。

2.找亲人出面解决。立即告知亲友，让亲友了解事件过程，除了可以缓解遭受暴力的情绪外，将来也可以出庭作证。

3.如果你正遭遇家庭暴力，首先要尽最大可能保证自己和家人的人身安全。如有生命危险，要大声呼救，尽可能让邻居听到或寻找机会拨打报警电话"110"。可以暂时离开家到安全的地方，如警察局、亲人或朋友家居住。

4.如果暴力发生，要注意收集证据。如果有机会，可以将现场施暴过程录音存证或拍照。很多医院都是司法医学鉴定医院，受害人应尽快就近到医院诊治，告诉医生受伤的原因，请求医生详细、准确、客观地记录伤情，为进一步寻求司法鉴定创造条件。

5.可以诉诸法律，利用法律武器维护自己的合法权益。

你可向居委会、派出所请求帮助，他们有义务对你提供帮助，并可对施暴者进行治安处罚。在寻求帮助时，一定要留下自己的真实姓名和地址。若你受到的家庭暴力十分严重，你还可向公安局报案，请求追究施暴者的刑事责任。

● 小贴士

《中华人民共和国婚姻法》关于家庭暴力的相关条例：第四十三条实施家庭暴力或虐待家庭成员，受害人有权提出请求，居民委员会、村民委员会以及所在单位应当予以劝阻、调解。

对正在实施的家庭暴力，受害人有权提出请求，居民委员会、村民委员会应当予以劝阻；公安机关应当予以制止。

实施家庭暴力或虐待家庭成员，受害人提出请求的，公安机关应当依照治安管理处罚的法律规定予以行政处罚。

第四十五条对重婚的，对实施家庭暴力或虐待、遗弃家庭成员构成犯罪的，依法追究刑事责任。受害人可以依照刑事诉讼法的有关规定，向人民法院自诉；公安机关应当依法侦查，人民检察院应当依法提起公诉。

第四十六条有下列情形之一，导致离婚的，无过错方有权请求损害赔偿：

（一）重婚的；（二）有配偶者与他人同居的；（三）实施家庭暴力的；（四）虐待、遗弃家庭成员的。

遭遇入室盗贼自救

● 现场点击

赵娉家在没有电梯的6楼，暑假的一天下午，赵娉和同学游完泳回来，当她走到5楼的时候，一个年轻小伙子越过赵娉到达6楼，站在她家对门门前按门铃。赵娉看了一眼，不认识，以为是对门阿姨的亲戚，也没太在意。因为比较累，她先靠着门喘了几口气，才慢腾腾地掏出钥匙开门，开门后反手关门时，却发现门关不上了。回头发现那个年轻人用手撑住防盗门正盯着她。赵娉知道事情不妙了，这个时候父母邻居都去上班了，但她并没有表现出惊慌，而是转过身一手拉住里面的房门，一面平静地问："有什么事？"这个年轻人愣了一下，他一面往赵娉家窥探，一面假装打听人。赵娉也一面应付他的问话一面想关上门。然而就在赵娉想关门的时候，他突然拉开外面的防盗门就要往里冲。赵娉下意识的反应就是一把揪住他胸前的衣服，使劲一推，不料用力过大，自己也顺势也出了门，并随手将里面的门关上了。赵娉看了一下地形，他在楼梯口，自己在家门口，如果使劲一脚或者一推，极有可能将他推下去。于是赵娉就开始高声质问他："你想干什么！说！你想干什么！"他没有动，赵娉指着楼梯口高声到："滚下去，快点！你下不下去！"他试探着朝赵娉走了一小步。赵娉两手握拳，抬头盯着他："大白天的，你还想干吗！我要喊人了！"此时，他低下头小声说："我下去，下去！"赵娉没有放松，还是一直盯着他，一直看他下到五楼的一半，赵娉还是在那里站着盯着他，终于看他下去了，赵娉赶紧进门开始拨门卫电话，并把这个人的形象描述了一下让他们注意。

●专家点评

在这个案例中，赵娉幸运地喝退了抢匪，但是估计那个人是初次抢劫，而且并未带凶器。在这里提醒大家：一个人开门时，一定要注意一下有没有陌生人，如果有，请迅速离开不要开门。还有千万不要表现出害怕，那样只会增加绑匪的气焰。也不要因为抢匪表现出胆怯，就与抢匪正面冲突，最重要的是自保。

●急救措施

遭遇入室盗贼怎么办？

由于室内是一个相对封闭的环境，居民处于孤立无援的状况，遇劫的居民很难指望得到外援，在这种情况下，如果被害人应付不当，就可能使歹徒得逞，甚至导致恶性事件发生，相反，如果居民镇定自若，与歹徒巧妙周旋，则有可能自救。

1.遇到盗贼入室，千万别惊慌，要冷静思考对策。留心身边的一切，比如家里的家具是否无故转移了位置，很可能在你不在家的时候，盗贼就已经进去了.

2.其次，要巧妙地同外界取得联系，有电话或手机的家庭要设法避开盗贼，迅速报警或设法告诉邻居，以求援助。

3.遇到入室盗贼尽量不要与其搏斗，除非你有胜算的把握。按照刑警的经验，盗贼都是持刀入室的，我们的生命远远贵重于我们的财产。在遇到事情的时候首先自保。遇到事情不要惊惶，不妨对盗贼使诈，比如说已经打电话报警，警察很快赶到之类。

4.先别开灯。如果发现盗贼晚上入室作案，一般不先开灯为宜。因为主人对自己的家庭情况、住房结构要比盗贼清楚得多，并可争分夺秒准备好自卫"武器"，这对主人利用"地形地物"与盗贼周旋十分有利；并且，突然开灯可能会引起盗贼的过激行为。晚上的门窗务必关好，天再热也不能放松警惕，盗贼就是这样乘虚而入的。

5.要善于观察盗贼的行为举止。如遇蒙面盗贼，要记下歹徒的身高、衣着、口音、举止等特征，为公安人员提供破案线索。

6.盗贼作案逃离后，要注意保护现场，盗贼用手摸过的物品不要马上归置，应待公安人员提取现场证据后再作处理。

7.有些入户抢劫案是被害人的熟人所为，或是熟悉被害人家庭的人员及其招来的同伙所为，案发后被害人应尽力回忆案发前遇到的可疑人、可疑事，注意比较盗贼和自己周围熟人的口音、举止、体貌特征是否相像。

8.在家被抢后，换个地方等警察，可以去人多的公共场合，也可以找邻居。

● 小贴士

有一名女性被劫持，正好她的老公打电话过来，她在电话里应付了一通，说正与她妈妈外出。随后警察赶到，终于得救。原因即在于，她妈妈早已去世，她丈夫即意识到存在问题。而遗憾的是，我们多数人，没有这样敏捷的反应能力和应变能力。所以遇事务必保持冷静，设法周旋，向外传递信息。并且这样要紧的电话一定要打给很熟悉自己近况的人，而且反应要快。

所以当你收到奇怪的电话，比如朋友只跟你借一点点的钱，或者跟你扯一些明显不是事实的话，提到已经过世的人等等，请务必敏感并记下他提到的关于地点和人物的字眼，千万不要说你那么有钱还问我借，或者是以为他在开玩笑，马上报警，也许你就能挽救你朋友命！——这是求救信号！立刻报警！救援！

遭遇恐怖袭击自救

● 现场点击

我国旅游团在某国乘坐的大巴在行驶途中遭机枪袭击，司机当场死亡，车上12人受伤。恐怖袭击发生时，此大巴车正在穿越两省之间的边境。据悉，袭击者用机关枪对大巴进行了猛烈的扫射。刚刚结束高考的薛晶及父母都是这次恐怖袭击事件的亲历者。薛晶向我们描述了当时的恐怖场景："一切都发生得很突然，枪响之后，人们在大巴上到处乱窜，尖声惊叫，整个场面混乱不堪，一个带着孩子的母亲在我身边坐下来，绝望的哭。"薛晶说，"有些人满脸是血，非常恐怖"。

该国警方随即赶到。经过长达3小时漫长的谈判，该国政府决定动用特战分队武力解救人质。突击过程中，特战队员一举歼灭6名恐怖分子，然而，也有两名乘客在最后时刻因为恐慌而站起身来，被流弹击中。其中一名身中两枪并且大量失血，幸运的是，在接受了紧急治疗后此乘客已经度过了危险期。整个射击过程持续了大约20分钟。

●专家点评

恐怖事件形形色色，在应对手段上没有固定模式，我们所说的，只是必备的一些常识，这些常识也并非一成不变，一旦遭遇恐怖袭击事件，必须随机应变。在此案中，恐怖分子和人质数量都比较多，此时人质一定要注意特战队员发出的信号，为武力攻击创造条件，积极配合特战队员对恐怖分子发起的攻击。比如特战队员对恐怖分子发起攻击时，人质应立即趴倒在地，用双手保护头部。在枪击结束后，迅速按照特战队员的指令撤离。其间，要避免惊慌和混乱，应首先搀扶老人和孩子。撤离危险区域后，人质应积极配合有关人员了解事件过程，识别和抓捕混在人群里的恐怖分子。

●急救措施

遭遇枪击怎么办？

1.如果遭遇到枪战，那么千万不要惊慌失措的乱跑，而是应当就地卧倒。不要去顾及场地干净与否、是否有积水污垢等等。

2.卧倒后可以适当地观察一下地形，如果有可能可以快速移动到掩体后面。但是这些掩体应当能够有效地阻挡子弹。

3.如果在枪战中有手榴弹飞到你的身边，要分两种情况：如果手榴弹落在距离你1.5米的范围外，那么你应当立刻向远离手榴弹的方向扑出并卧倒，如果能躲到什么东西后面更佳。因为手榴弹爆炸的时候杀伤是范围是存在一个死角的（大概和地面呈30度角），所以，你躲藏在这个角里面较安全；但是如果手榴弹落在你的脚下（1米范围内），那么你无论如何都要立刻把手榴弹用脚踢出去，然后向反方向卧倒。不能用手捡起来再扔，因为大多数手榴弹的爆炸延时只有3秒。在这样近的距离内，即使是卧倒，手榴弹仍然能把你炸碎。

4.如果爆炸不幸已经发生，只要你还清醒，首先要做的事情就是要快速离开现场！因为你无法确认是否还有第二次爆炸发生！

5.但是如果此时你听到枪声或者有人在发出威胁性的叫喊，则应当立刻停止行动，就地卧倒或者就近寻找掩体隐蔽。因为此时必然有恐怖分子在与警方交火或者射杀企图抵抗者，此时如果你乱跑，有可能成为恐怖分子射杀的目标。如果你恰巧夹在警匪双方战场的中间地带，乱跑乱窜，只能给双方当作靶子打。所以最好的办法是趴着别动，直到枪战结束。

6. 在局面一时还没弄清楚的情况下，盲目地去寻找幸存者和救人是愚蠢的。当恐怖袭击突然发生的时候，保护好你自己是第一位的。

●小贴士

遭遇恐怖袭击，如何选择掩护物？

1. 土堆：土堆是个非常好的掩体，它能有效地阻挡子弹和爆炸的伤害。

2. 水泥和砖墙：钢筋混凝土的水泥墙和普通砖墙都能相当好地阻挡子弹。但是这不包括高层建筑上的轻质空心材料，这些轻质空心材料很容易被自动步枪子弹击穿。但是无论如何，墙体是个很好的掩体。因为即使它不能有效的保护你不被枪弹击伤，起码能让射手看不到你。

3. 灌木丛：灌木丛不能躲避子弹等，但是灌木丛可以有效的扰乱射击者的视线，特别是在夜幕下，是个逃脱的好屏障。

4. 垃圾桶、木箱、油桶：子弹打到这些东西上会穿其而过，并且子弹穿过这些东西后，杀伤力丝毫不会减弱。而且，子弹还有可能会引起油桶内的油料燃烧或者爆炸。

5. 汽车：在50米距离内，6毫米以上的任何枪弹都能把汽车射穿。汽车只有两个部位是子弹难以射穿的。一个地方是发动机，一个地方是轮胎。发动机部位错综复杂的机械部件和厚重的发动机机壳能有效的阻挡枪弹。而轮胎上的橡胶凭借其优良的弹性能给你最大可能的保护。但是汽车的油箱一旦被击中，那就意味着你遇到大麻烦了。

6. 门、家具：世界上没有一扇普通的门板是防弹的。但是，家具和门倒是可以为你躲避手榴弹和炸弹的伤害提供一些帮助。因为手榴弹和炸弹的杀伤作用主要是依靠气浪和弹片，如果不是近距离的爆炸，躲在家具后面的你可能会受到一些伤害，但一般不会立即致命。

7. 玻璃门窗附近：破碎的玻璃其杀伤力是远远出乎你的预料的，尤其是玻璃在爆炸力的作用下，其威力不次于普通枪弹。因为玻璃虽然脆，但是硬度非常之大，要超过钢铁十几倍，在高速的运动中，可以削铁如泥，所以要远离玻璃门窗。

第六部分　医学救护常识

鼻出血救治

● 为什么会鼻出血

鼻出血是常见的症状。许多人都有过鼻子出血的时候，现在空气干燥，鼻粘膜的水分蒸发很快，因此，毛细血管壁弹性降低，变得很脆，许多老年人由于血压高，血管弹性差，更容易鼻子出血，反复大量的鼻子出血会使患者出现高度紧张、恐惧、焦虑，因其导致血压升高更容易使患者再出血。对于经常发生鼻出血者，患者应尽快到专科医院，及早查明出血原因，并对症加以治疗，千万不可麻痹大意，耽误了治疗。

● 鼻出血应该怎么办

对于鼻子出血的病人该怎么办呢？

1.首先要安慰病人，保持安静，解除病人的恐惧心理。因为鼻出血的患者往往由于恐惧出血过多，出现精神紧张，而精神紧张乃是激发鼻出血并使出血持续不止的重要因素。

2.一般来说，流鼻血的症状都相当轻微，可采用指压法、冷敷法或堵塞法治疗。

指压法：坐下并松开围在颈项上的衣物，稍向前倾，不要仰头或平躺，因为平躺后会使头部血压升高，更容易再出血。流到咽部的血尽量别咽下，以免刺激胃部引起恶心呕吐。应任由鼻血从鼻腔流出，用嘴呼吸，并用拇指和食指捏紧鼻翼双侧，压迫鼻中间软骨前部，同时让患者张口呼吸，以局部酸胀疼痛感为好，小儿及高龄体质较差者，用力应稍轻，以能耐受为宜，经过一段时间，即可止血。鼻腔止血后，继续以口呼吸，短时间内不要擤鼻子或尝试清除鼻腔内的血块。

冷敷法：用冷毛巾或冰袋放在额部和鼻部，每2～3分钟换一次冷毛巾，冷的刺激可使鼻内小血管收缩而起到止血作用。

堵塞法：即用纱布卷、脱脂棉或吸水好的纸卷，先用冷水或麻黄素滴鼻药水浸湿，轻轻塞进鼻出血的鼻孔，可以有效的起到止血作用。

3.如果这样仍然无法使出血得到控制，应立即找医生。

● 小贴士

如何避免鼻子干燥出血

1.每天坚持用冷水洗鼻子数次，以增强鼻黏膜的湿润度，避免鼻出血等发生。

2.除了传统用加湿器外，冬天家里暖气很热时，可在暖气旁边放一杯或一盆清水，保持室内湿度。也可每天擦拭家具，既保持卫生，又有加湿作用。摆放一些适宜房间的绿色植物或养一缸鱼，既能增加湿度又美观。

3.多饮水。

4.饮食宜清淡，应多吃蔬菜、水果，少吃辛辣刺激之物，以免助热生火而诱发鼻出血。

5.按需在鼻孔里涂用凡士林等润滑剂。

急性阑尾炎救治

● 病状

转移性右下腹痛是急性阑尾炎的典型临床表现。刚开始疼痛时，疼痛部位在肚子的上部或者肚脐周围，疼一段时间后，这种疼痛逐渐转移到了右下腹部。

但是得了急性阑尾炎，不一定都表现为转移性右下腹痛。下面就介绍三种急性阑尾炎的其他有可能的症状表现。第一，大多数人的盲肠和阑尾长在肚子的右下部，但是有的人的盲肠和阑尾长在肚子的左下部，所以出现转移性左下腹痛，也应考虑到左侧阑尾炎的可能。第二种是部位不明确的疼痛，也就是说整个肚子都疼，在这种情况下我们也应该考虑得了急性阑尾炎的可能。第三种是一开始就感到右下腹痛，特别是慢性阑尾炎急性发作时，因此无转移性右下腹痛，也不能完全排除急性阑尾炎的存在。

下面给大家介绍一下急性阑尾炎稍微严重一点时，肚子疼的征兆，也就是说，急性阑尾炎的疼和一般的肚子疼有什么区别。如果炎症已侵及腹膜，我们用手按压肚子上的疼痛的地方，当手突然抬起时我们会感到更加的疼痛，这种疼痛叫做"反跳痛"。如果你的肚子出现了"反跳痛"的症状，那么十有八九你是得了急性阑尾炎。

●救护

如果你得了阑尾炎千万可不能轻视，因为如果不及时诊治，炎症加重，一旦形成阑尾周围脓肿或阑尾坏疽、穿孔，引起弥漫性腹膜炎，小病就变成了大病，有时甚至会危及生命。如果你根据上面的症状判断，你好像得了阑尾炎，那么你最好是平躺在床上为好。但是如果你感到肚子实在是疼得受不了了，那么很有可能你是阑尾穿孔了，这时候你最好半躺下，也就是上身稍稍的直立一些，这样有利于溢出液吸收。在没有经过医生的确切诊断之前，最好不要服用治疗拉肚子的药，也不要因为疼痛就自己擅吃一些止疼的药和鸦片制剂或注射杜冷丁及吗啡，因为这些药物很容易掩盖病情真相，延误诊断，使病情加剧。

原则上讲，急性阑尾炎都应立即到医院做阑尾切除手术，尤其是怀疑阑尾可能有化脓坏死时，更需要立即手术。

●小贴士

急性阑尾炎应该如何预防？

第一，刚刚吃完饭不要做剧烈的活动，特别不要快跑。

第二，夏天特别炎热的时候也不要因为一时的贪图凉快就在温度很低的空调房间里呆太长的时间，而且不要喝过多的冰镇啤酒以及其他的冷饮。

第三，平时吃饭时还要注意不要吃过于肥腻的东西，和吃过多的刺激性食物。而且不要暴饮暴食，饥一顿饱一顿的，因为如果你饮食不规律，胃肠道充满和排空会失去正常的尺度，而暴饮暴食，会突然加重胃肠负担，加大食物对胃肠道的机械性刺激。如果这样就会导致肠道正常蠕动发生改变，功能出现紊乱。另外，生的和硬的等难消化食物也不要多吃，因为生的、硬的食物很难消化，这要就会加重肠道负担，导致消化不良、胃肠功能紊乱。而且我们吃饭时要细嚼慢咽，这要会减少进入盲肠的食物残渣，减少得急性阑尾炎的可能。

第四，我们还要积极参加体育锻炼，增强体质，提高免疫能力。如果有慢性阑尾炎病史，更应注意避免复发。平时要保持大便通畅，及时治疗便秘及肠道寄生虫。

突发心脏病救治

●病状

1.疲劳：疲劳是各种心脏病都会表现出来的症状。当心脏病使血液循环不畅通是，新陈代谢的废物（主要是乳酸）就会积聚在我们的器官组织内，这样就会刺激神经末稍，令我们产生疲劳感。

2.气短：气短也是心脏病的症状中最常见的。最显著特点是当我们稍微做一些累一点的事情时就会喘不上气来，还有就是晚上我们会一阵一阵的呼吸困难。

3.紫绀：紫绀可能我们听起来不太懂，简单是就是你的皮肤、粘膜、耳朵周围、嘴唇、鼻子周围和指尖发紫。

4.水肿：水肿有时候是全身性的有时候只是下半身水肿。

除此之外，心脏病的症状还表现在疼痛、心跳突然加快等方面。

●专家提醒

1.避免拥挤。避免拥挤有两点好处，第一拥挤可能会使我们喘不上气来，甚至窒息。第二无论是什么类型的心脏病大都与病毒感染有关，即便是心力衰竭也常常由于上呼吸道感染而引起。因此要注意避免到人员拥挤的地方去，尤其是在感冒流行季节，以免受到感染。

2.合理饮食。应有合理的饮食安排。从心脏病的防治角度看营养因素十分重要，所以我们平时的饮食原则上应做到"三低"即：低热量、低脂肪、低胆固醇。

3.适量运动。积极参加适量的体育运动。维持经常性适当的运动，有利于增强心脏功能，促进身体正常的代谢，尤其对促进脂肪代谢，防止动脉硬化的发生有重要作用。对心脏病患者来说，应根据心脏功能及体力情况，从事适当的体力活动，这样有助于增进血液循环，增强抵抗力，提高全身各脏器机能，防止血栓形成。但也需避免过于剧烈的活动，活动量应逐步增加，以不引起症状为原则。

4.规律生活。养成健康的生活习惯。生活有规律，心情愉快，避免情绪激动和过度劳累。

● 急救措施

寒冷的冬季是心血管病高发的季节。据统计，中国每天有7000人死于心脏病，其中70%的人是因为无法得到恰当救助而死于家中或现场。因为大脑需要大量的氧，呼吸和心跳停止后，大脑很快会缺氧，4分钟内将有一半的脑细胞受损；如果患者在疾病突发的4分钟内，能够得到有效的急救措施，复苏率在50%（这4分钟被称作挽救生命的"黄金4分钟"）超过5分钟再施行心肺复苏，只有四分之一的人可能救活。真可谓时间就是生命！

心脏病突发来势凶猛，处理不当就有致命危险。为此，发作时切莫惊慌失措，应遵照以下措施展开急救：

1.当突然出现胸部剧烈疼痛或憋闷等感觉异常时，马上调整体位，保持比较缓和的姿势，心脏病突发后，患者的体位非常重要，千万不要马上躺下。因为当病人躺下后，影响肺活量，进而加重心脏负担，使心肌缺血、缺氧的情况更加严重，有可能发生心肌梗死，甚至死亡。因此，心脏病突发时，患者如果正处在站立姿势，应自己或在他人的帮助下，扶着周围的物体缓慢地坐下；如果正坐着，应缓慢地向后靠成半卧姿势。解开领带、皮带、钮扣等，并保持安静。

2.保持室内空气流通，温度适当，并安抚病人，使其精神稳定下来。

3.舌下含服硝酸甘油或消心痛，不要吞服，约3~4分钟起效。并且嚼服300毫克的阿司匹林。

4.如心脏停跳，应马上做心肺复苏施救，直到医务人员来到。

5.在抢救的同时拨打120急救电话。

● 小贴士

如何预防心脏病突然恶化？

1.不要吸烟。吸烟是冠心病死亡的主要原因。心脏病总死亡率的

21%是由吸烟造成的。而且吸烟可使人们患心脏病的机会增加一倍以上，使死于心脏病的危险性增加70%。每天吸1~14支烟的人，死于冠心病的危险比不吸烟的高67%；若每日吸25支以上，死亡危险高3倍。

2.控制体重。研究证明，超过标准体重20%，其心脏病发病的危险性增加一倍。随着生活的改善，人们的体重在普遍增加，已有1/5的人过于肥胖，这给心脏增加了极大的负担，如能有效地减肥，心脏病突发的危险性可降低35%~50%。

3.降低胆固醇。血胆固醇增高已是当今举世心忧的危险因素。几项大型研究表明，血胆固醇每降低1%，心脏病突发的危险性可降2%~3%。饮食控制通常能降低血胆固醇10%，这意味着心脏病突发危险可减少20%~30%；服用降血脂药物能降低胆固醇20%，这样，心脏病突发的危险可减少40%~60%。

4.治疗高血压。降低高血压能有效地减少中风的危险，同时也在一定程度上减少了冠心病死亡的危险。典型病变的研究表明，降低高血压可降低冠心病突发危险的15%~20%。

关节脱臼救治

●病状

主要的症状有患处肿胀、关节外部变形或出现剧烈疼痛。严重时还有可能损伤血管和神经。在日常生活或劳动中，体育训练中，因外伤或用力不当可造成关节脱位，一般下颌、肘、踝关节容易发生脱位。

1.下颌关节脱位：症状是伤员上下牙齿对合不齐，咀嚼肌紧张，下颌前移等。

2.肘关节脱位：在全身各关节脱位中，肘关节脱位最为多见。常见于青少年中，因受到间接暴力伤害所致。例如突然跌倒时上肢外展、手掌着地，暴力沿前臂向上传递，导致肘关节脱位。典型的症状是脱位后肘关节肿胀，前臂不能弯曲。

3.踝关节脱位：受伤后踝部即出现疼痛、肿胀、畸形和触痛，踝关节活动受到限制。

●救护

1.下颌关节脱位。救护人先将两手的大拇指包上纱布，放在对方两侧下臼齿上，拇指压迫两侧臼齿，其余四指握下颌弓，提起下巴后上方轻推，大拇指从牙上滑出。此时，可听到滑动声响，表示已复位。复位后，伤员上下牙齿可对齐，可自由张嘴，但在一个月内不宜大张嘴。

2.肘关节脱位。发生肘关节脱位时，如果身边无救助者，伤员本人根据肘关节的伤情判断是关节脱位，不要强行将处于半伸位的伤肢拉直，以免引起更大的损伤。可用健康手臂解开衣扣，将衣襟从下向上兜住伤肢前臂，系在领口上，使伤肢肘关节呈半屈，曲位固定在前胸部，再前往医院接受治疗。如果有人救助，若救助人员对骨骼不十分熟悉，不能判断关节脱位是否合并骨折时，不要轻易实施肘关节脱位复位，以防损伤血管和神经，可用三角巾将伤员的伤肢呈半曲位悬吊固定在前胸部，送往医院即可。

下面我们就介绍一下肘关节脱位的复位方法：

伤员呈坐位，助手握住上臂作对抗牵引。治疗者一手握患者腕部，向原有畸形方向持续牵引，另一只手手掌自肘前方向肱骨（肱骨位于上臂，又叫上臂骨。上端有半球形的肱骨头与肩胛骨的关节盂组成肩关节；下端与尺、桡骨的上端构成肘关节）下端向后推压，其余四指在肘后将鹰嘴突向前提拉，即可使肘关节复位。复位后将肘关节屈曲90°，用三角巾悬吊于胸前，或用长石膏托固定。两至三周后去除外固定，辅以积极的功能锻炼，以恢复肘关节的功能。

3.踝关节脱位。处理踝关节脱位时，先用弹性绷带将踝关节固定，然后在伤处外敷冰袋，再用绷带固定冰袋和踝关节。冰敷约3~5分钟，可先取下绷带，如果此时受伤部位肿胀尚不明显，可先进行简单的检查。检查的目的主要是确定有无骨折或脱臼的可能及韧带损伤的程度。检查方法：注意疼痛、压痛点的位置，肿胀的程度，关节是否畸形。应一手握住踝关节上端向后推，同时另一只手握住足跟向前拉，检查活动范围是否变大，和未受伤一侧比较。如只是轻度扭伤，可继续冰敷并施以压迫性包扎，抬高患肢。如属较严重的扭伤，则应送医院治疗。